Нормированная Ω-группа

Александр Клейн

Aleks_Kleyn@MailAPS.org
http://AleksKleyn.dyndns-home.com:4080/
http://sites.google.com/site/AleksKleyn/
http://arxiv.org/a/kleyn_a_1
http://AleksKleyn.blogspot.com/

Аннотация. Если в Ω-алгебре A определена операция сложения, которая не обязательно коммутативна, то Ω-алгебре A называется Ω-группой. Я также рассмотрел представление Ω-группы. Определение нормы в Ω-группе позволяет рассмотреть непрерывность операций и представления.

CreateSpace Independent Publishing Platform

ISBN: 1505992354

ISBN-13: 978-1505992359

Оглавление

Глава 1

Предисловие

1.1. Предисловие

Впервые я обратил внимание на универсальную алгебру, которая является абелевой группой относительно сложения, в главе [8]-2. Позже я узнал, что подобная универсальная алгебра называется Ω-группой.

Ω-группа интересна для меня, так как я полагаю, что мы можем рассмотреть математический анализ в Ω-группе. Так возникло решение изучить нормированные Ω-группы.

Я уделил большое внимание топологии нормированной Ω-группы.

1.2. Соглашения

Соглашение 1.2.1. *Я обозначаю* $\Omega(n)$ *множество n-арных операций* Ω-*алгебры.* □

Соглашение 1.2.2. *Пусть A - Ω_1-алгебра. Пусть B - Ω_2-алгебра. Запись*

$$A \longrightarrow_* B$$

означает, что определено представление Ω_1-алгебры A в Ω_2-алгебре B. □

Глава 2

Нормированная Ω-группа

2.1. Нормированная Ω-группа

Пусть в Ω-алгебре[2.1] A определена операция сложения, которая не обязательно коммутативна.

ОПРЕДЕЛЕНИЕ 2.1.1. Отображение

$$f : A \to A$$

называется **аддитивным отображением**, если

$$f(a + b) = f(a) + f(b)$$

$\square$

ОПРЕДЕЛЕНИЕ 2.1.2. Отображение

$$f : A^n \to A$$

называется **полиаддитивным отображением**, если для любого i, $i = 1$, ..., n,

$$f(a_1, ..., a_i + b_i, ..., a_n) = f(a_1, ..., a_i, ..., a_n) + f(a_1, ..., b_i, ..., a_n)$$

$\square$

ОПРЕДЕЛЕНИЕ 2.1.3. Если Ω-алгебра A является группой относительно операции сложения и любая операция $\omega \in \Omega$ является полиаддитивным отображением, то Ω-алгебра A называется Ω-**группой**.[2.2] Если Ω-группа A является ассоциативной группой относительно операции сложения, то Ω-алгебра A называется **ассоциативной Ω-группой**. Если Ω-группа A является абелевой группой относительно операции сложения, то Ω-алгебра A называется **абелевой Ω-группой**.

$\square$

ТЕОРЕМА 2.1.4. *Пусть* $\omega \in \Omega(n)$ *Операция* ω **дистрибутивна** *относительно сложения*

$$a_1...(a_i + b_i)...a_n\omega = a_1...a_i...a_n\omega + a_1...b_i...a_n\omega \quad i = 1, ..., n$$

ДОКАЗАТЕЛЬСТВО. Теорема является следствием определений 2.1.2, 2.1.3.

$\square$

[2.1]Смотри определение универсальной алгебры в [1, 11].

[2.2]Вы можете найти определение Ω-группы по адресу

http://ncatlab.org/nlab/show/Omega-group

Пример 2.1.5. Группа является наиболее очевидным примером Ω-группы. Кольцо является Ω-группой.

Бикольцо матриц над телом ([6]) является Ω-группой. $\square$

Соглашение 2.1.6. *Мы будем полагать, что рассматриваемая Ω-группа абелева.* $\square$

Элемент Ω-группы A называется **A-числом**.

Определение 2.1.7. Пусть A - Ω-группа. Подгруппа B аддитивной группы A, замкнутая относительно операций из Ω, называется **подгруппой Ω-группы** A. $\square$

Определение 2.1.8. **Норма на Ω-группе** A[2.3] - это отображение

$$d \in A \to \|d\| \in R$$

такое, что

2.1.8.1: $\|a\| \geq 0$
2.1.8.2: $\|a\| = 0$ равносильно $a = 0$
2.1.8.3: $\|a + b\| \leq \|a\| + \|b\|$
2.1.8.4: $\|-a\| = \|a\|$

Ω-группа A, наделённая структурой, определяемой заданием на A нормы, называется **нормированной Ω-группой**. $\square$

Замечание 2.1.9. Если Ω-группа B с нормой $\|b\|_B$ является подгруппой Ω-группы A с нормой $\|b\|_A$, то мы требуем $\|b\|_B = \|b\|_A$ $\square$

Теорема 2.1.10. *Пусть A - нормированная Ω-группа. Тогда*

$$(2.1.1) \qquad \|a - b\| \geq |\|a\| - \|b\||$$

Доказательство. Так как $a = a - b + b$,   то из утверждения 2.1.8.3 следует, что

$$(2.1.2) \qquad \|a\| \leq \|a - b\| + \|b\|$$

Неравенство

$$(2.1.3) \qquad \|a - b\| \geq \|a\| - \|b\|$$

следует из неравенства (2.1.2). Из утверждения 2.1.8.4 и неравенства (2.1.3) следует, что

$$(2.1.4) \qquad \|a - b\| = \|b - a\| \geq \|b\| - \|a\|$$

Неравенство (2.1.1) следует из неравенств (2.1.3), (2.1.4). $\blacksquare$

[2.3]Определение дано согласно определению из [13], гл. IX, §3, п°2, а также согласно определению [14]-1.1.12, с. 23.

ОПРЕДЕЛЕНИЕ 2.1.11. Пусть A - нормированная Ω-группа. Для n-арной операции ω, величина

$$(2.1.5) \qquad \|\omega\| = \sup \frac{\|a_1...a_n\omega\|}{\|a_1\|...\|a_n\|}$$

называется **нормой операции** ω. □

ТЕОРЕМА 2.1.12. *Пусть A - нормированная Ω-группа. Для n-арной операции ω,*

$$(2.1.6) \qquad \|a_1...a_n\omega\| \leq \|\omega\|\|a_1\|...\|a_n\|$$

ДОКАЗАТЕЛЬСТВО. Из равенства (2.1.5) следует, что

$$(2.1.7) \qquad \frac{\|a_1...a_n\omega\|}{\|a_1\|...\|a_n\|} \leq \sup \frac{\|a_1...a_n\omega\|}{\|a_1\|...\|a_n\|} = \|\omega\|$$

Неравенство (2.1.6) следует из неравенства (2.1.7). □

ОПРЕДЕЛЕНИЕ 2.1.13. Пусть A - нормированная Ω-группа. Пусть $a \in A$. Множество

$$B_o(a, R) = \{b \in A : \|b - a\| < R\}$$

называется **открытым шаром** с центром в a. □

ОПРЕДЕЛЕНИЕ 2.1.14. Пусть A - нормированная Ω-группа. Пусть $a \in A$. Множество

$$B_c(a, R) = \{b \in A : \|b - a\| \leq R\}$$

называется **замкнутым шаром** с центром в a. □

ТЕОРЕМА 2.1.15. *Из утверждения $b \in B_o(a, R)$ следует утверждение*[2.4] *$a \in B_o(b, R)$.*

ДОКАЗАТЕЛЬСТВО. Теорема следует из определения 2.1.13. □

ОПРЕДЕЛЕНИЕ 2.1.16. Пусть A - нормированная Ω-группа. Элемент $a \in A$ называется **пределом последовательности** a_n

$$a = \lim_{n \to \infty} a_n$$

если для любого $\epsilon \in R$, $\epsilon > 0$, существует, зависящее от ϵ, натуральное число n_0 такое, что $\|a_n - a\| < \epsilon$ для любого $n > n_0$. Мы будем также говорить, что **последовательность** a_n **сходится** к a. □

ТЕОРЕМА 2.1.17. *Пусть A - нормированная Ω-группа. Элемент $a \in A$ является пределом последовательности a_n*

$$a = \lim_{n \to \infty} a_n$$

если для любого $\epsilon \in R$, $\epsilon > 0$, существует, зависящее от ϵ, натуральное число n_0 такое, что

$$a_n \in B_o(a, \epsilon)$$

[2.4]Аналогичная теорема верна для замкнутых шаров.

для любого $n > n_0$.

Доказательство. Следствие определений 2.1.13, 2.1.16. □

Определение 2.1.18. Пусть A - нормированная Ω-группа. Последовательность a_n, $a_n \in A$ называется **фундаментальной** или **последовательностью Коши**, если для любого $\epsilon \in R$, $\epsilon > 0$, существует, зависящее от ϵ, натуральное число n_0 такое, что $\|a_p - a_q\| < \epsilon$ для любых p, $q > n_0$. □

Теорема 2.1.19. *Пусть A - нормированная Ω-группа. Последовательность a_n, $a_n \in A$ является фундаментальной последовательностью, если для любого $\epsilon \in R$, $\epsilon > 0$, существует, зависящее от ϵ, натуральное число n_0 такое, что*

$$a_q \in B_o(a_p, \epsilon)$$

для любых p, $q > n_0$.

Доказательство. Следствие определений 2.1.13, 2.1.18. □

Теорема 2.1.20. *Пусть A - нормированная Ω-группа. Пусть a_n, $n = 1$, ..., - фундаментальная последовательность. Пусть b_n, $n = 1$, ..., - последовательность. Пусть*

$$(2.1.8) \qquad \lim_{n \to \infty} (a_n - b_n) = 0$$

Тогда b_n - фундаментальная последовательность.

Доказательство. Из равенства (2.1.8) и определения 2.1.16 следует, что для заданного $\epsilon \in R$, $\epsilon > 0$, существует, зависящее от ϵ, натуральное число N_1 такое, что

$$(2.1.9) \qquad \|a_n - b_n\| < \frac{\epsilon}{3}$$

для любого $n > N_1$. Согласно определению 2.1.18, для заданного $\epsilon \in R$, $\epsilon > 0$, существует, зависящее от ϵ, натуральное число N_2 такое, что

$$(2.1.10) \qquad \|a_p - a_q\| < \frac{\epsilon}{3}$$

для любых p, $q > N_2$. Пусть

$$N = \max(N_1, N_2)$$

Из неравенств (2.1.9), (2.1.10) следует, что для заданного $\epsilon \in R$, $\epsilon > 0$, существует, зависящее от ϵ, натуральное число N такое, что

$$\|b_p - b_q\| = \|b_p - a_p + a_p - a_q + a_q - b_q\| \le \|b_p - a_p\| + \|a_p - a_q\| + \|a_q - b_q\| < \epsilon$$

для любых p, $q > N$. Согласно определению 2.1.18, последовательность b_n - фундаментальная последовательность. □

Теорема 2.1.21. *Пусть A - нормированная Ω-группа. Пусть a_n, b_n, $n =$ 1, ..., - фундаментальные последовательности. Пусть*

$$(2.1.11) \qquad \lim_{n \to \infty} (a_n - b_n) = 0$$

Если последовательность a_n сходится, то последовательность b_n сходится и

$$(2.1.12) \qquad \lim_{n \to \infty} a_n = \lim_{n \to \infty} b_n$$

Доказательство. Из равенства (2.1.11) и определения 2.1.16 следует, что для заданного $\epsilon \in R$, $\epsilon > 0$, существует, зависящее от ϵ, натуральное число N_1 такое, что

$$(2.1.13) \qquad \|a_n - b_n\| < \frac{\epsilon}{2}$$

для любого $n > N_1$. Согласно определению 2.1.22 и теореме 2.1.23, существует предел a последовательности a_n. Согласно определению 2.1.16, для заданного $\epsilon \in R$, $\epsilon > 0$, существует, зависящее от ϵ, натуральное число N_2 такое, что

$$(2.1.14) \qquad \|a_n - a\| < \frac{\epsilon}{2}$$

для любого $n > N_2$. Пусть

$$N = \max(N_1, N_2)$$

Из неравенств (2.1.13), (2.1.14) и утверждения 2.1.8.3 следует, что для заданного $\epsilon \in R$, $\epsilon > 0$, существует, зависящее от ϵ, натуральное число N такое, что

$$\|a - b_n\| = \|a - a_n + a_n - b_n\| \le \|a - a_n\| + \|a_n - b_n\| < \epsilon$$

для любого $n > N$. Согласно определению 2.1.16, последовательность b_n сходится к a. $\square$

Определение 2.1.22. Нормированная Ω-группа A называется **полной** если любая фундаментальная последовательность элементов Ω-группы A сходится, т. е. имеет предел в этой Ω-группе. $\square$

Теорема 2.1.23. *Пусть A - полная Ω-группа. Любая фундаментальная последовательность имеет один и только один предел.*

Доказательство. Пусть a_n, $n = 1$, ..., - фундаментальная последовательность. Согласно определению 2.1.18, для заданного $\epsilon \in R$, $\epsilon > 0$, существует, зависящее от ϵ, натуральное число n_1 такое, что

$$(2.1.15) \qquad \|a_p - a_q\| < \frac{\epsilon}{3}$$

для любых p, $q > n_1$. Пусть

$$(2.1.16) \qquad a = \lim_{n \to \infty} a_n$$

и

$$(2.1.17) \qquad b = \lim_{n \to \infty} a_n$$

Из равенства (2.1.16) и определения 2.1.16 следует, что для заданного $\epsilon \in R$, $\epsilon > 0$, существует, зависящее от ϵ, натуральное число n_2 такое, что

(2.1.18) $$\|a_p - a\| < \frac{\epsilon}{3}$$

для любого $p > n_2$. Из равенства (2.1.17) и определения 2.1.16 следует, что для заданного $\epsilon \in R$, $\epsilon > 0$, существует, зависящее от ϵ, натуральное число n_3 такое, что

(2.1.19) $$\|a_q - b\| < \frac{\epsilon}{3}$$

для любого $q > n_3$. Пусть

$$n_0 = \max(n_1, n_2, n_3)$$

Из неравенств (2.1.15), (2.1.18), (2.1.19) следует, что для заданного $\epsilon \in R$, $\epsilon > 0$, существует, зависящее от ϵ, натуральное число n_0 такое, что

$$\|a - b\| = \|a - a_p + a_p - a_q + a_q - b\| \le \|a - a_p\| + \|a_p - a_q\| + \|a_q - b\| < \epsilon$$

для любых $p, q > n_0$. Следовательно, $\|a - b\| = 0$. Согласно утверждению 2.1.8.2, $a = b$. □

2.2. Топология Ω-группы

Замечание 2.2.1. Инвариантное расстояние на аддитивной группе Ω-группы A

(2.2.1) $$d(a, b) = \|a - b\|$$

определяет топологию метрического пространства, согласующуюся со структурой Ω-группы в A. Множество открытых шаров нормированной Ω-группы A является базой топологии,[2.5] согласованной с расстоянием (2.2.1). □

Определение 2.2.2. Пусть A - нормированная Ω-группа. Множество $U \subset A$ называется **открытым**,[2.6] если для любого A-числа $a \in U$ существует $\epsilon \in R, \epsilon > 0$, такое, что $B_o(a, \epsilon) \subset U$. □

Определение 2.2.3. Пусть B - подмножество топологического пространства A. Точка $x \in A$ называется **точкой прикосновения множества** B,[2.7] если для любого $\epsilon \in R, \epsilon > 0$, открытый шар $B_o(x, \epsilon)$. содержит хотя бы одну точку множества B

$$B_o(x, \epsilon) \cap B \ne \emptyset$$

[2.5]Смотри определение базы топологии в [3], страница 87.

[2.6]В топологии обычно сперва определяют открытое множество, а затем базу топологии. В случае метрического или нормированного пространства, удобнее дать определение открытого множества, опираясь на определение базы топологии. В этом случае определение основано на одном из свойств базы топологии. Непосредственная проверка позволяет убедиться, что определённое таким образом открытое множество удовлетворяет основным свойствам.

[2.7]Смотри определение точки прикосновения и замыкания множества в [3], страница 85.

Множество всех точек прикосновения множества B называется **замыканием множества** B. Замыкание множества B обозначается $[B]$. $\square$

ЗАМЕЧАНИЕ 2.2.4. Множество B замкнуто тогда и только тогда, когда $B = [B]$.

Это утверждение может быть либо определением замкнутого множества, либо теоремой. Например, рассмотрим определение замкнутого множества как дополнение к открытому множеству. Если $x \in A \setminus [B]$ то существует окрестность точки x, не содержащая точек множества B. Следовательно, $A \setminus [B]$ открытое множество. $\square$

ОПРЕДЕЛЕНИЕ 2.2.5. Пусть A - нормированная Ω-группа. Множество $B \subset A$ называется **плотным в множестве**[2.8] $C \subset A$, если $C \subset [B]$. Множество $B \subset A$ называется **всюду плотным**,[2.9] если $[B] = A$. $\square$

ОПРЕДЕЛЕНИЕ 2.2.6 (**вторая аксиома счётности**). В топологическом пространстве со счётной базой существует по крайней мере одна база, состоящая не более чем из счётного числа множеств.[2.10] $\square$

ОПРЕДЕЛЕНИЕ 2.2.7 (Первая аксиома отделимости). Топологическое пространство A называется T_1-**пространством**,[2.11] если для точек $x, y \in A$, $x \neq y$, существуют окрестности $U_x, x \in U_x$, и $U_y, y \in U_y$, такие, что $y \notin U_x, x \notin U_y$. $\square$

ТЕОРЕМА 2.2.8. *Любая точка T_1-пространства является замкнутым множеством.*[2.12]

ДОКАЗАТЕЛЬСТВО. Если $x \neq y$, то согласно определению 2.2.7, существует окрестность O_y точки y такая, что $x \notin O_y$. Согласно определению 2.2.3 $y \notin [\{x\}]$. Следовательно, $\{x\} = [\{x\}]$. Согласно замечанию 2.2.4, $\{x\}$ - замкнутое множество. $\square$

ТЕОРЕМА 2.2.9. *Нормированная Ω-группа A является T_1-пространством тогда и только тогда, когда для точек $x, y \in A, x \neq y$, существуют открытые шары $B_o(x, r_x), B_o(y, r_y)$ такие, что $y \notin B_o(x, r_x), x \notin B_o(y, r_y)$.*

ДОКАЗАТЕЛЬСТВО. Согласно определению 2.2.7, существуют окрестности $U_x, x \in U_x$, и $U_y, y \in U_y$, такие, что $y \notin U_x, x \notin U_y$. Согласно замечанию 2.2.1 и определению на странице [3]-87, существуют открытые шары $B_o(x, r_x), B_o(y, r_y)$ такие, что $B_o(x, r_x) \subset U_x, B_o(y, r_y) \subset U_y$. Следовательно, $y \notin B_o(x, r_x), x \notin B_o(y, r_y)$. $\square$

[2.8]Смотри также определение в [3], страница 59.

[2.9]Мы также говорим, что множество B всюду плотно в Ω-группе A.

[2.10]Смотри также определению в [3], страница 88. Согласно теореме в [3], страницы 88, 89, в топологическом пространстве со второй аксиомой счётности существует счётное всюду плотное множество.

[2.11]Смотри аналогичное определение в [3], с. 94.

[2.12]Смотри также замечание после определения в [3], с. 94.

Соглашение 2.2.10. *Для того, чтобы топология нормированной Ω-группы A была нетривиальной, мы потребуем следующее.*

2.2.10.1: *Ω-группа A является T_1-пространством.*

2.2.10.2: *Нормированная Ω-группа A удовлетворяет второй аксиоме счётности.*

2.2.10.3: *Множество $\{x\}$ не является открытым множеством.*

□

Теорема 2.2.11. *Пусть A - нормированная Ω-группа. Для любых $x \in A$, $r \in R$, существует $y \in B_o(x, r)$, $y \neq x$.*

Доказательство. Если мы предположим, что не существует $y \in B_o(x, r)$, $y \neq x$, то в этом случае $B_o(x, r) = \{x\}$ и множество $\{x\}$ является открытым. Это утверждение противоречит соглашению 2.2.10.3. Следовательно, предположение не верно. □

Теорема 2.2.12. *Пусть A - нормированная Ω-группа. Для любых $a, b \in A$, $b \neq a$, существует $c \in A$, $c \neq a$, такой, что*

$$(2.2.2) \qquad \qquad \|c - a\| < \|b - a\|$$

Доказательство. Согласно теореме 2.2.9, существует открытый шар $B_o(a, r)$ такой, что $b \notin B_o(a, r)$. Согласно определению 2.1.13

$$(2.2.3) \qquad \qquad r \leq \|b - a\|$$

Согласно теореме 2.2.11, существует $c \in B_o(a, r)$, $c \neq a$. Согласно определению 2.1.13

$$(2.2.4) \qquad \qquad \|c - a\| < r$$

Неравенство (2.2.2) следует из неравенств (2.2.3), (2.2.4). □

Теорема 2.2.13. *Пусть A - нормированная Ω-группа. Для любого $a \in A$ существует последовательность A-чисел a_n, $a_n \neq a$, такая, что*

$$(2.2.5) \qquad \qquad \lim_{n \to \infty} a_n = a$$

Доказательство. Существуют разные способы построить последовательность a_n.

Согласно теореме 2.2.11 для любого n существует $a_n \in B(a, \frac{1}{n})$, $a_n \neq a$. Согласно теореме 2.1.17, последовательность a_n сходится к a.

В рассматриваемой последовательности возможно, что $a_n = a_{n+1}$. Однако очевидно, что если $m > \frac{1}{\|a_n\|}$, то $a_m \neq a_n$. Мы можем построить последовательность, в которой все элементы различны.

Пусть $a_1 \in A$. Предположим, мы выбрали $a_n \in A$, $n \geq 1$. Пусть

$$(2.2.6) \qquad \qquad r = \frac{\|a_n - a\|}{2}$$

Согласно теореме 2.2.11 существует $a_{n+1} \in B(a, r)$, $a_{n+1} \neq a$. Согласно равенству (2.2.6) и определению 2.1.13, $a_{n+1} \neq a_n$. Согласно теореме 2.1.17, последовательность a_n сходится к a. □

ТЕОРЕМА 2.2.14. *Пусть A - нормированная Ω-группа. Пусть множество* $B \subset A$ *плотно в множестве* $C \subset A$, . *Тогда для любого A-числа* $b \in C$ *существует последовательность A-чисел* $b_n, b_n \in B$, *сходящаяся к* b

$$(2.2.7) \qquad\qquad b = \lim_{n \to \infty} b_n$$

ДОКАЗАТЕЛЬСТВО. Согласно определениям 2.2.3, 2.2.5, для любого $n > 0$ существует b_n такой, что

$$b_n \in B \cap B_o(b, 1/n)$$

Согласно теореме 2.1.17, последовательность b_n сходится к b, так как $b_n \in B_o(x, \epsilon)$ для любого $n > 1/\epsilon$. □

ОПРЕДЕЛЕНИЕ 2.2.15. Множество T топологического пространства называется **компактным**, если любое его открытое покрытие содержит конечное подпокрытие.[2.13] □

ОПРЕДЕЛЕНИЕ 2.2.16. Множество T топологического пространства называется **связным**,[2.14] если существуют открытые множества B и C такие, что из условий

2.2.16.1: $T \subset B \cup C$
2.2.16.2: $T \cap B \neq \emptyset$
2.2.16.3: $T \cap C \neq \emptyset$

следует $T \cap B \cap C \neq \emptyset$. □

ПРИМЕР 2.2.17. Связное открытое множество в поле действительных чисел является открытым интервалом.[2.15] □

2.3. Непрерывное отображение Ω-группы

ОПРЕДЕЛЕНИЕ 2.3.1. Отображение

$$f : A_1 \to A_2$$

нормированной Ω_1-группы A_1 с нормой $\|x\|_1$ в нормированную Ω_2-группу A_2 с нормой $\|y\|_2$ называется **непрерывным**, если для любого сколь угодно малого $\epsilon > 0$ существует такое $\delta > 0$, что

$$\|x' - x\|_1 < \delta$$

влечёт

$$\|f(x') - f(x)\|_2 < \epsilon$$

□

[2.13]Смотри также определение в [3], страница 98.

[2.14]Смотри также определения 1 и 2 в [12], страницы 169, 170.

[2.15]Смотри замечание 5 в [3], страницы 65, 66.

ТЕОРЕМА 2.3.2. *Отображение*

$$f : A_1 \to A_2$$

нормированной Ω_1-группы A_1 с нормой $\|x\|_1$ в нормированную Ω_2-группу A_2 с нормой $\|y\|_2$ непрерывно тогда и только тогда, когда для любого сколь угодно малого $\epsilon > 0$ существует такое $\delta > 0$, что

$$b \in B_o(a, \delta)$$

влечёт

$$f(b) \in B_o(f(a), \epsilon)$$

ДОКАЗАТЕЛЬСТВО. Теорема является следствием определений 2.1.13, 2.3.1.
□

ТЕОРЕМА 2.3.3. *Отображение*

$$f : A_1 \to A_2$$

нормированной Ω_1-группы A_1 с нормой $\|x\|_1$ в нормированную Ω_2-группу A_2 с нормой $\|y\|_2$ непрерывно тогда и только тогда, когда прообраз открытого множества является открытым множеством.

ДОКАЗАТЕЛЬСТВО. Пусть $U \subset f(A_1) \subset A_2$ открытое множество и

$$(2.3.1) \qquad\qquad W = f^{-1}(U)$$

- Пусть отображение f непрерывно. Пусть $a \in W$. Тогда $f(a) \in U$. Согласно определению 2.2.2, существует $\epsilon \in R, \epsilon > 0$, такое, что

$$(2.3.2) \qquad\qquad B_o(f(a), \epsilon) \subset U$$

Согласно теореме 2.3.2, существует такое $\delta > 0$, что

$$(2.3.3) \qquad\qquad b \in B_o(a, \delta)$$

влечёт

$$(2.3.4) \qquad\qquad f(b) \in B_o(f(a), \epsilon)$$

Из равенств (2.3.2), (2.3.4) следует, что

$$(2.3.5) \qquad\qquad f(b) \in U$$

Из равенств (2.3.1), (2.3.5) следует, что

$$(2.3.6) \qquad\qquad b \in W$$

Так как из утверждения (2.3.3) следует утверждение (2.3.6), то $B_o(a, \delta) \subset W$. Согласно определению 2.2.2 множество W открыто.

- Пусть прообраз открытого множества является открытым множеством. Пусть $U = B_o(f(a), \epsilon)$. Так как W - открытое множество, то согласно определению 2.2.2 существует $\delta > 0$ такое, что $B_o(a, \delta) \subset W$. Следовательно, из утверждения $b \in B_o(a, \delta)$ следует $f(b) \in B_o(f(a), \epsilon)$. Согласно теореме 2.3.2, отображение f непрерывно.

□

Теорема 2.3.4. *Пусть*

$$f : X \to Y$$

непрерывное отображение топологического пространства X в топологическое пространство Y. Пусть T - связное множество топологического пространства X. Тогда $f(T)$ - связное множество топологического пространства Y.[2.16]

Доказательство. Пусть B, C - открытые множества топологического пространства Y. Так как отображение f непрерывно, то согласно теореме 2.3.3, множества $f^{-1}(B)$, $f^{-1}(C)$ открыты. Если утверждения 2.2.16.1, 2.2.16.2, 2.2.16.3 верны для множеств B, C, $f(T)$, то утверждения 2.2.16.1, 2.2.16.2, 2.2.16.3 верны для множеств $f^{-1}(B)$, $f^{-1}(C)$, T. Если мы предположим, что множество $f(T)$ не связно, то согласно определению 2.2.16

$$(2.3.7) \qquad B \cap C \cap f(T) = \emptyset$$

Из равенства (2.3.7) следует, что

$$(2.3.8) \qquad f^{-1}(B) \cap f^{-1}(C) \cap T = \emptyset$$

Согласно определению 2.2.16, множество T не связно. Это утверждение противоречит предположению теоремы. Следовательно, множество $f(T)$ связно. $\qquad \square$

Теорема 2.3.5. *Пусть*

$$f : R \to R$$

непрерывное отображение поля действительных чисел. Тогда образ интервала является интервалом.

Доказательство. Теорема является следствием теоремы 2.3.4 и примера 2.2.17. $\qquad \square$

Теорема 2.3.6. *Отображение*

$$f : A_1 \to A_2$$

нормированной Ω_1-группы A_1 с нормой $\|x\|_1$ в нормированную Ω_2-группу A_2 с нормой $\|y\|_2$ непрерывно тогда и только тогда, когда из условия, что последовательность A_1-чисел a_n сходится, следует, что последовательность A_2-чисел $f(a_n)$ сходится и верно равенство

$$(2.3.9) \qquad f\left(\lim_{n \to \infty} a_n\right) = \lim_{n \to \infty} f(a_n)$$

Доказательство. Пусть A_1-число a является пределом последовательности a_n

$$(2.3.10) \qquad a = \lim_{n \to \infty} a_n$$

[2.16]Смотри также предложение 4 в [12], страница 171.

- Пусть равенство (2.3.9) верно для A-числа a. Равенство

(2.3.11)
$$f(a) = \lim_{n \to \infty} f(a_n)$$

следует из равенств (2.3.9), (2.3.10). Из равенства (2.3.11) и теоремы 2.1.17, следует, что для заданного $\epsilon \in R, \epsilon > 0$, существует, зависящее от ϵ, натуральное число n_2 такое, что

(2.3.12)
$$f(a_n) \in B_o(f(a), \epsilon)$$

для любого $n > n_2$. Из равенства (2.3.10) и теоремы 2.1.17, следует, что для заданного $\delta \in R, \delta > 0$, существует, зависящее от δ, натуральное число n_1 такое, что

(2.3.13)
$$a_n \in B_o(a, \delta)$$

для любого $n > n_1$. Если $n_1 \le n_2$, то оценка δ завышена. Мы положим

$$\delta = \frac{\|a - a_{n_1+1}\|}{2}$$

и повторим оценку значения n_1. Очевидно, что новое значение n_1 будет больше предыдущего. Следовательно, за конечное число итераций мы найдём δ такое, что $n_1 > n_2$ и из утверждения (2.3.13) следует утверждение (2.3.12). Согласно теореме 2.3.2, отображение f непрерывно.

- Пусть отображение f непрерывно. Согласно теореме 2.3.2, для любого сколь угодно малого $\epsilon > 0$ существует такое $\delta > 0$, что

(2.3.14)
$$b \in B_o(a, \delta)$$

влечёт

(2.3.15)
$$f(b) \in B_o(f(a), \epsilon)$$

Из равенства (2.3.10) и теоремы 2.1.17, следует, что для заданного $\delta \in R, \delta > 0$, существует, зависящее от δ, натуральное число n_1 такое, что

(2.3.16)
$$a_n \in B_o(a, \delta)$$

для любого $n > n_1$. Из равенств (2.3.14), (2.3.15), (2.3.16) следует, что для заданного $\epsilon \in R, \epsilon > 0$, существует, зависящее от ϵ, натуральное число n_1 такое, что

(2.3.17)
$$f(a_n) \in B_o(f(a), \epsilon)$$

для любого $n > n_1$. Равенство

(2.3.18)
$$f(a) = \lim_{n \to \infty} f(a_n)$$

следует из равенства (2.3.17) и теоремы 2.1.17. Равенство (2.3.9) следует из равенств (2.3.18), (2.3.10).

$\square$

ОПРЕДЕЛЕНИЕ 2.3.7. Пусть

$$f : A_1 \to A_2$$

отображение нормированной Ω_1-группы A_1 с нормой $\|x\|_1$ в нормированную Ω_2-группу A_2 с нормой $\|y\|_2$. Величина

(2.3.19)
$$\|f\| = \sup \frac{\|f(x)\|_2}{\|x\|_1}$$

называется **нормой отображения** f.   □

ТЕОРЕМА 2.3.8. *Пусть*

$$f : A_1 \to A_2$$

аддитивное отображение нормированной Ω_1-группы A_1 с нормой $\|x\|_1$ в нормированную Ω_2-группу A_2 с нормой $\|y\|_2$. Отображение f непрерывно, если $\|f\| < \infty$.

ДОКАЗАТЕЛЬСТВО. Поскольку отображение f аддитивно, то согласно определению 2.3.7

$$\|f(x) - f(y)\|_2 = \|f(x - y)\|_2 \le \|f\| \, \|x - y\|_1$$

Возьмём произвольное $\epsilon > 0$. Положим $\delta = \dfrac{\epsilon}{\|f\|}$. Тогда из неравенства

$$\|x - y\|_1 < \delta$$

следует

$$\|f(x) - f(y)\|_2 \le \|f\| \, \delta = \epsilon$$

Согласно определению 2.3.1 отображение f непрерывно.   □

ТЕОРЕМА 2.3.9. *Пусть A - нормированная Ω-группа. Норма, определённая в Ω-группе A, является непрерывным отображением Ω-группы A в поле действительных чисел.*

ДОКАЗАТЕЛЬСТВО. Пусть $\epsilon \in R$, $\epsilon > 0$, и $a \in A$. Согласно теореме 2.2.11 существует $b \in B_o(a, \epsilon)$, $b \ne a$. Согласно определению 2.1.13

(2.3.20)
$$\|a - b\| < \epsilon$$

Из неравенств (2.3.20), (2.1.1) следует, что

(2.3.21)
$$| \, \|a\| - \|b\| \, | \le \|a - b\| < \epsilon$$

Так как неравенство (2.3.21) является следствием неравенства (2.3.20), то норма непрерывна согласно определению 2.3.1.   □

ТЕОРЕМА 2.3.10. *Пусть*

$$f : A \to B$$

непрерывное отображение нормированной Ω-алгебры A в нормированную Ω-алгебру B. Если C - компактное множество Ω-алгебры A, то образ $f(C)$ является компактным множеством Ω-алгебры B.

Доказательство. Пусть D - открытое покрытие множества $f(C)$. Любое множество $E \in D$ является открытым множеством. Согласно теореме 2.3.3, прообраз $f^{-1}(E)$ является открытым множеством. Пусть

$$D' = \{E' : E' = f^{-1}(E), E \in D\}$$

Утверждение

$$C = \bigcup_{E' \in D'} E'$$

следует из утверждения

$$f(C) = \bigcup_{E \in D} E$$

Следовательно, D' является открытым покрытием множества C. Согласно определению 2.2.15, существует конечное подпокрытие $E_1', ..., E_n'$. Следовательно, покрытие D имеет конечное подпокрытие $E_1 = f(E_1'), ..., E_n = f(E_n')$. Согласно определению 2.2.15, множество $f(C)$ компактно. $\square$

Теорема 2.3.11. *Пусть C - компактное множество нормированной Ω-группы A. Тогда норма $\|x\|$, $x \in C$, ограничена сверху и снизу.*

Доказательство. Согласно теореме 2.3.9, норма является непрерывным отображением Ω-группы A в поле действительных чисел. Согласно теореме 2.3.10, множество

$$C' = \{\|x\| : x \in C\}$$

компактно в поле действительных чисел. Согласно утверждению [2]-3.96.e, страница 118, множество C' ограничено и содержит свои точные границы. $\square$

2.4. Непрерывность операций в Ω-группе

Из утверждения 2.1.8.3 и теоремы 2.3.8 следует, что сумма в нормированной Ω-группе непрерывна. Из определения 2.1.11 следует, что операции в нормированной Ω-группе непрерывны.[2.17] В этом разделе мы рассмотрим утверждения, связанные с непрерывностью операций.

Теорема 2.4.1. *В нормированной Ω-группе A, верно следующее неравенство*

(2.4.1) $$\|(c_1 + c_2) - (a_1 + a_2)\| \le \|(c_1 - a_1)\| + \|(c_2 - a_2)\|$$

Доказательство. Из утверждения 2.1.8.3 следует, что

(2.4.2) $$\begin{aligned}\|(c_1 + c_2) - (a_1 + a_2)\| &= \|(c_1 - a_1) + (c_2 - a_2)\| \\ &\le \|(c_1 - a_1)\| + \|(c_2 - a_2)\|\end{aligned}$$

Неравенство (2.4.1) следует из неравенства (2.4.2). $\square$

[2.17]Сравни определение 2.1.11 нормы операции и определение [9]-3.4.8 нормы полилинейного отображения.

Теорема 2.4.2. *Пусть A - нормированная Ω-группа. Для $c_1, c_2 \in A$, пусть $c_1 \in B_c(a_1, R_1)$, $c_2 \in B_c(a_2, R_2)$. Тогда*

$$(2.4.3) \qquad c_1 + c_2 \in B_c(a_1 + a_2, R_1 + R_2)$$

Доказательство. Согласно определению 2.1.13

$$(2.4.4) \qquad \begin{aligned} \|c_1 - a_1\| &\leq R_1 \\ \|c_2 - a_2\| &\leq R_2 \end{aligned}$$

Из неравенств (2.4.1), (2.4.4) следует, что

$$(2.4.5) \qquad \|(c_1 + c_2) - (a_1 + a_2)\| \leq \|(c_1 - a_1)\| + \|(c_2 - a_2)\| \leq R_1 + R_2$$

Утверждение (2.4.3) следует из неравенства (2.4.5) и определения 2.1.13. $\qquad\square$

Теорема 2.4.3. *Пусть A - нормированная Ω-группа. Пусть последовательность A-чисел a_n сходится и*

$$(2.4.6) \qquad \lim_{n \to \infty} a_n = a$$

Пусть последовательность A-чисел b_n сходится и

$$(2.4.7) \qquad \lim_{n \to \infty} b_n = b$$

Тогда последовательность A-чисел $a_n + b_n$ сходится и

$$(2.4.8) \qquad \lim_{n \to \infty} a_n + b_n = a + b$$

Доказательство. Из равенства (2.4.6) и теоремы 2.1.17 следует, что для заданного $\epsilon \in R, \epsilon > 0$, существует N_a такое, что из условия $n > N_a$ следует

$$(2.4.9) \qquad a_n \in B_o(a, \epsilon/2)$$

Из равенства (2.4.7) и теоремы 2.1.17 следует, что для заданного $\epsilon \in R, \epsilon > 0$, существует N_b такое, что из условия $n > N_b$ следует

$$(2.4.10) \qquad b_n \in B_o(b, \epsilon/2)$$

Пусть

$$N = \max(N_a, N_b)$$

Из равенств (2.4.9), (2.4.10), теоремы 2.4.2 и условия $n > N$ следует, что

$$(2.4.11) \qquad a_n + b_n \in B_o(a + b, \epsilon/2 + \epsilon/2) = B_o(a + b, \epsilon)$$

Равенство (2.4.8) следует из равенства (2.4.11) и теоремы 2.1.17. $\qquad\square$

Теорема 2.4.4. *Пусть A - нормированная Ω-группа. Пусть $\omega \in \Omega$ - n-арная операция. Верно следующее неравенство*

$$(2.4.12) \quad \|c_1...c_n\omega - a_1...a_n\omega\| \leq \|\omega\|(\|c_1 - a_1\|C_2...C_n + ... + C_1...C_{n-1}\|c_n - a_n\|)$$

где

$$(2.4.13) \qquad C_i = \max(\|a_i\|, \|c_i\|) \quad i = 1, ..., n$$

Доказательство. Согласно определениям 2.1.2, 2.1.3,

$$c_1...c_n\omega - a_1...a_n\omega = c_1c_2...c_n\omega - a_1c_2...c_n\omega$$
$$+ a_1c_2...c_n\omega - a_1a_2...c_n\omega$$

(2.4.14)

$$......$$
$$+ a_1...a_{n-1}c_n\omega - a_1...a_{n-1}a_n\omega$$
$$= (c_1 - a_1)c_2...c_n\omega + a_1(c_2 - a_2)...c_n\omega$$
$$+ ... + a_1...a_{n-1}(c_n - a_n)\omega$$

Из равенства (2.4.14) и утверждения 2.1.8.3 следует, что

(2.4.15)

$$\|c_1...c_n\omega - a_1...a_n\omega\| \le \|(c_1 - a_1)c_2...c_n\omega\| + \|a_1(c_2 - a_2)...c_n\omega\|$$
$$+ ... + \|a_1...a_{n-1}(c_n - a_n)\omega\|$$

Из равенства (2.4.13) и определения 2.1.11 следует, что

$$\|(c_1 - a_1)c_2...c_n\omega\| \le \|c_1 - a_1\|C_2...C_n$$

(2.4.16)

$$......$$

$$\|a_1...a_{n-1}(c_n - a_n)\omega\| \le C_1...C_{n-1}\|c_n - a_n\|$$

Неравенство (2.4.12) следует из неравенств (2.4.15), (2.4.16). $\square$

Теорема 2.4.5. *Пусть A - нормированная Ω-группа. Пусть $\omega \in \Omega$ - n-арная операция. Для $c_1, ..., c_n \in A$, пусть $c_1 \in B_c(a_1, R_1), ..., c_n \in B_c(a_n, R_n)$. Тогда*

(2.4.17) $$c_1...c_n\omega \in B_c(a_1...a_n\omega, R)$$

где

(2.4.18) $$R = \|\omega\|(R_1C_2...C_n + ... + C_1...C_{n-1}R_n)$$

(2.4.19) $$C_i = \|a_i\| + R_i \quad i = 1,...,n$$

Доказательство. Согласно определению 2.1.13

$$\|c_1 - a_1\| \le R_1$$

(2.4.20)

$$...$$

$$\|c_n - a_n\| \le R_n$$

Неравенство

(2.4.21) $$\|c_i\| = \|a_i + c_i - a_i\| \le \|a_i\| + \|c_i - a_i\| \le \|a_i\| + R_i$$

следует из неравенства (2.4.20) и утверждения 2.1.8.3. Неравенство

(2.4.22) $$C_i \le \max(\|a_i\|, \|a_i\| + R_i) = \|a_i\| + R_i \quad i = 1,...,n$$

следует из неравенства (2.4.21) и равенства (2.4.13). Равенство (2.4.19) следует из неравенства (2.4.22). Утверждение (2.4.17) следует из неравенств (2.4.12), (2.4.20) и равенства (2.4.19). $\square$

Теорема 2.4.6. *Пусть A - нормированная Ω-группа. Пусть $\omega \in \Omega$ - n-арная операция. Для $i = 1, ..., n$, пусть последовательность A-чисел $a_{i \cdot m}$, $m = 1, 2, ...,$ сходится и*

$$(2.4.23) \qquad \lim_{m \to \infty} a_{i \cdot m} = a_i$$

Тогда последовательность A-чисел $a_{1 \cdot m}...a_{n \cdot m}\omega$ сходится и

$$(2.4.24) \qquad \lim_{m \to \infty} a_{1 \cdot m}...a_{n \cdot m}\omega = a_1...a_n\omega$$

Доказательство. Из равенства $(2.4.23)$ и теоремы $2.1.17$ следует, что для заданного

$$(2.4.25) \qquad \delta_1 \in R, \ \delta_1 > 0$$

существует M_i такое, что из условия $m > M_i$ следует

$$(2.4.26) \qquad a_{i \cdot m} \in B_o(a_i, \delta_1)$$

Пусть

$$M = \max(M_1, ..., M_n)$$

Из равенств $(2.4.26)$, теоремы $2.4.5$ и условия $m > M$ следует, что

$$(2.4.27) \qquad a_{1 \cdot m}...a_{n \cdot m}\omega \in B_o(a_1...a_n\omega, \epsilon_1)$$

$$(2.4.28) \qquad \epsilon_1 = \delta_1 C_2...C_n + ... + \delta_1 C_1...C_{n-1}$$

где

$$(2.4.29) \qquad C_i = \|a_i\| + \delta_1$$

Из равенства $(2.4.29)$ и утверждений $2.1.8.1$, $(2.4.25)$ следует, что

$$(2.4.30) \qquad C_i > 0 \quad \frac{dC_i}{d\delta_1} > 0$$

Из равенств $(2.4.28)$, $(2.4.29)$ и утверждения $(2.4.30)$ следует, что ϵ_1 является полиномиальной строго монотонно возрастающей функцией $\delta_1 > 0$. При этом

$$\delta_1 = 0 \Rightarrow \epsilon_1 = 0$$

Согласно теореме $2.3.5$, отображение $(2.4.28)$ отображает интервал $[0, \delta_1)$ в интервал $[0, \epsilon_1)$. Согласно теореме $2.3.3$, для заданного $\epsilon > 0$ существует такое $\delta > 0$, что

$$\epsilon_1(\delta) < \epsilon$$

Согласно построению, значение M зависит от значения δ_1. Мы выберем значение M, соответствующее $\delta_1 = \delta$. Следовательно, для заданного $\epsilon \in R$, $\epsilon > 0$, существует M такое, что из условия $m > M$ следует

$$(2.4.31) \qquad a_{1 \cdot m}...a_{n \cdot m}\omega \in B_o(a_1...a_n\omega, \epsilon)$$

Равенство $(2.4.24)$ следует из равенства $(2.4.31)$ и теоремы $2.1.17$. $\qquad \square$

2.5. Пополнение нормированной Ω-группы

ОПРЕДЕЛЕНИЕ 2.5.1. Пусть A - нормированная Ω-группа. Полная Ω-группа B называется **пополнением нормированной Ω-группы** A,[2.18] если

2.5.1.1: Ω-группа A является подгруппой Ω-группы B.[2.19]

2.5.1.2: Ω-группа A всюду плотна в Ω-группе B.

$\square$

ТЕОРЕМА 2.5.2. *Пусть* A *- нормированная* Ω*-группа. Пусть* B_1, B_2 *являются пополнением* Ω*-группы* A. *Существует изоморфизм* Ω*-группы*[2.20]

$$(2.5.1) \qquad\qquad\qquad f : B_1 \to B_2$$

такой, что

$$(2.5.2) \qquad\qquad\qquad f(a) = a \quad a \in A$$

$$(2.5.3) \qquad\qquad\qquad \|f(b)\| = \|b\|$$

ДОКАЗАТЕЛЬСТВО. Пусть $b_1 \in B_1$. Согласно утверждению 2.5.1.2 и теореме 2.2.14 существует последовательность A-чисел a_n такая, что

$$(2.5.4) \qquad\qquad\qquad b_1 = \lim_{n\to\infty} a_n$$

Из равенства (2.5.4) следует, что последовательность A-чисел a_n является фундаментальной последовательностью в Ω-группе A. Следовательно, последовательность a_n сходится к b_2 в полной Ω-группе B_2. Согласно теореме 2.1.21, B_2-число b_2 не зависит от выбора последовательности a_n, сходящейся к b_1. Следовательно, $f(b_1) = b_2$.

Равенство (2.5.2) является следствием теоремы 2.2.13.

Отображение f является биективным, так как выполненное построение обратимо и мы можем найти B_1-число b_1, соответствующее B_2-числу b_2.

Согласно теореме 2.3.9, в Ω-группе B_1 верно равенство

$$(2.5.5) \qquad\qquad\qquad \|b_1\| = \lim_{n\to\infty} \|a_n\|$$

[2.18]Существование пополнения топологического пространства очень важно, так как позволяет использовать непрерывность как инструмент для изучения топологического пространства. Если топологическое пространство имеет дополнительную структуру, то мы ожидаем, что пополнение имеет такую же структуру. Смотри определение пополнение метрического пространства в определении [3]-2, страница 71. Смотри определение пополнение нормированного поля в утверждении [4]-6 на странице 270 и в последующем определении на странице 271. Смотри определение пополнение нормированного векторного пространства в теореме [5]-1.11.1 на странице 55.

[2.19]Точнее, мы изоморфно отождествляем Ω-группу A с некоторой подгруппой Ω-группы B.

[2.20]Мы также говорим, что пополнение Ω-группы A единственно с точностью до рассматриваемого изоморфизма.

и в Ω-группе B_2 верно равенство

$$(2.5.6) \qquad \|b_2\| = \lim_{n\to\infty} \|a_n\|$$

Равенства (2.5.3) следует из равенств (2.5.5), (2.5.6).

Из теорем 2.4.3, 2.4.6 следует, что отображение f является изоморфизмом Ω-группы. $\qquad\square$

Доказательство существования пополнения нормированной Ω-группы A (теорема 2.5.17) основано на доказательстве теоремы 2.5.2. Если B - полная Ω-группа, являющаяся пополнением нормированной Ω-группы A, то каждое B-число является пределом фундаментальной последовательности A-чисел. Поэтому, чтобы построить Ω-группу B, рассмотрим множество B' фундаментальных последовательностей A-чисел.

ЛЕММА 2.5.3. Отношение $\sim$ на множестве B'

$$(2.5.7) \qquad a_n \sim b_n \Leftrightarrow \lim_{n\to\infty}(a_n - b_n) = 0$$

является отношением эквивалентности.[2.21]

ДОКАЗАТЕЛЬСТВО.

2.5.3.1: Так как $a_n = a_n$, то отношение $\sim$ рефлексивно

$$a_n \sim a_n$$

2.5.3.2: Из утверждения 2.1.8.4 следует, что

$$\|a_n - b_n\| = \|b_n - a_n\|$$

Следовательно, отношение $\sim$ симметрично

$$a_n \sim b_n \Leftrightarrow b_n \sim a_n$$

2.5.3.3: Пусть a_n, $n = 1, ...,$ - фундаментальная последовательность A-чисел. Пусть b_n, c_n, $n = 1, ...,$ - последовательности A-чисел. Равенство

$$(2.5.8) \qquad \lim_{n\to\infty}(a_n - b_n) = 0$$

следует из утверждения $a_n \sim b_n$. Равенство

$$(2.5.9) \qquad \lim_{n\to\infty}(a_n - c_n) = 0$$

следует из утверждения $a_n \sim c_n$.

Из теоремы 2.1.20 и равенства (2.5.8) следует, что последовательность b_n фундаментальна. Согласно определению 2.1.16, из равенства (2.5.8) следует, что для любого $\epsilon \in R$, $\epsilon > 0$, существует, зависящее от ϵ, натуральное число N_1 такое, что

$$(2.5.10) \qquad \|a_n - b_n\| < \frac{\epsilon}{2}$$

_____

[2.21]Смотри определение отношения эквивалентности в [11], страница 27.

для любого $n > N_1$.

Из теоремы 2.1.20 и равенства (2.5.9) следует, что последовательность c_n фундаментальна. Согласно определению 2.1.16, из равенства (2.5.9) следует, что для любого $\epsilon \in R,\ \epsilon > 0,$ существует, зависящее от ϵ, натуральное число N_2 такое, что

(2.5.11)
$$\|a_n - c_n\| < \frac{\epsilon}{2}$$

для любого $n > N_2$.

Пусть

$$N = \max(N_1, N_2)$$

Из неравенств (2.5.10), (2.5.11) и утверждения 2.1.8.3 следует, что для заданного $\epsilon \in R,\ \epsilon > 0,$ существует, зависящее от ϵ, натуральное число N такое, что

$$\|b_n - c_n\| = \|b_n - a_n + a_n - c_n\| \le \|b_n - a_n\| + \|a_n - c_n\| < \epsilon$$

для любого $n > N$. Равенство

(2.5.12)
$$\lim_{n \to \infty}(b_n - c_n) = 0$$

следует из определения 2.1.16. Утверждение $b_n \sim c_n$ следует из равенства (2.5.12).

2.5.3.4: Из рассуждения 2.5.3.3 следует, что отношение $\sim$ транзитивно

$$a_n \sim b_n, a_n \sim c_n \Rightarrow b_n \sim c_n$$

Лемма следует из утверждений 2.5.3.1, 2.5.3.1, 2.5.3.4.   □

ЛЕММА 2.5.4. $a_n \sim b_n$ тогда и только тогда, когда для любого $\epsilon \in R,$ $\epsilon > 0,$ существует, зависящее от ϵ, натуральное число n_0 такое, что

(2.5.13)
$$b_n \in B_o(a_n, \epsilon)$$

для любого $n > n_0$.

Доказательство. Согласно определению 2.1.13, утверждение (2.5.13) верно тогда и только тогда, когда

$$\|a_n - b_n\| < \epsilon$$

Теорема верна согласно определению 2.1.16.   □

Пусть B является множеством классов эквивалентных фундаментальных последовательностей A-чисел. Мы будем пользоваться записью

(2.5.14)
$$[a_n] = \{b_n : a_n \sim b_n\}$$

для класса последовательностей, эквивалентных последовательности a_n.

ЛЕММА 2.5.5. Множество B является абелевой группой относительно операции

(2.5.15)
$$[a_n] + [b_n] = [a_n + b_n]$$

Доказательство. Пусть A - нормированная Ω-группа. Пусть последовательности A-чисел a_n, b_n являются фундаментальными последовательностями.

Лемма 2.5.6. Последовательность A-чисел $a_n + b_n$ является фундаментальной.

Доказательство. Так как последовательность A-чисел a_n является фундаментальной, то согласно определению 2.1.18 для любого $\epsilon \in R$, $\epsilon > 0$, существует, зависящее от ϵ, натуральное число N_a такое, что

$$(2.5.16) \qquad \|a_p - a_q\| < \frac{\epsilon}{2}$$

для любых p, $q > N_a$. Так как последовательность A-чисел b_n является фундаментальной, то согласно определению 2.1.18 для любого $\epsilon \in R$, $\epsilon > 0$, существует, зависящее от ϵ, натуральное число N_b такое, что

$$(2.5.17) \qquad \|b_p - b_q\| < \frac{\epsilon}{2}$$

для любых p, $q > N_b$. Пусть

$$N = \max(N_a, N_b)$$

Из неравенств $(2.4.1)$, $(2.5.16)$, $(2.5.17)$ и условия $n > N$ следует, что

$$\|(a_p + b_p) - (a_q + b_q)\| \le \|(a_p - a_q)\| + \|(b_p - b_q)\| < \epsilon$$

Следовательно, согласно определению 2.1.18, последовательность A-чисел $a_n + b_n$ является фундаментальной.

Лемма 2.5.7. Пусть $a_n \sim c_n$, $b_n \sim d_n$. Тогда

$$(2.5.18) \qquad a_n + b_n \sim c_n + d_n$$

Доказательство. Равенство

$$(2.5.19) \qquad \lim_{n \to \infty}(a_n - c_n) = 0$$

следует из утверждения $a_n \sim c_n$. Равенство

$$(2.5.20) \qquad \lim_{n \to \infty}(b_n - d_n) = 0$$

следует из утверждения $b_n \sim d_n$.

Из теоремы 2.1.20 и равенства $(2.5.19)$ следует, что последовательность c_n фундаментальна. Согласно определению 2.1.16, из равенства $(2.5.19)$ следует, что для любого $\epsilon \in R, \epsilon > 0$, существует, зависящее от ϵ, натуральное число N_1 такое, что

$$(2.5.21) \qquad \|a_n - c_n\| < \frac{\epsilon}{2}$$

для любого $n > N_1$.

Из теоремы 2.1.20 и равенства $(2.5.20)$ следует, что последовательность d_n фундаментальна. Согласно определению 2.1.16, из равенства

(2.5.20) следует, что для любого $\epsilon \in R$, $\epsilon > 0$, существует, зависящее от ϵ, натуральное число N_2 такое, что

$$(2.5.22) \qquad \|b_n - d_n\| < \frac{\epsilon}{2}$$

для любого $n > N_2$.

Пусть

$$N = \max(N_1, N_2)$$

Из неравенств (2.4.1), (2.5.21), (2.5.22) следует, что для заданного $\epsilon \in R$, $\epsilon > 0$, существует, зависящее от ϵ, натуральное число N такое, что

$$(2.5.23) \qquad \|(a_n + b_n) - (c_n + d_n)\| \leq \|a_n - c_n\| + \|b_n - d_n\| < \epsilon$$

для любого $n > N$. Равенство

$$(2.5.24) \qquad \lim_{n \to \infty} ((a_n + b_n) - (c_n + d_n)) = 0$$

следует из определения 2.1.16. Следовательно, утверждение (2.5.18) следует из равенства (2.5.24).

Из леммы 2.5.6 следует, что последовательность $a_n + b_n$ является фундаментальной последовательностью. Из леммы 2.5.7 следует, что операция (2.5.15) определена корректно.

2.5.7.1: Из равенства

$$a_n + (b_n + c_n) = (a_n + b_n) + c_n$$

следует, что операция (2.5.15) ассоциативна

$$[a_n] + ([b_n] + [c_n]) = ([a_n] + [b_n]) + [c_n]$$

2.5.7.2: Из равенства

$$a_n + b_n = b_n + a_n$$

следует, что операция (2.5.15) коммутативна

$$[a_n] + [b_n] = [b_n] + [a_n]$$

2.5.7.3: Если положить $b_n = 0$, то из равенства

$$a_n + 0 = a_n$$

следует

$$[a_n] + [0] = [a_n]$$

2.5.7.4: Из равенства

$$a_n + (-a_n) = 0$$

следует

$$[a_n] + [-a_n] = [0]$$

Следовательно, мы можем положить

$$-[a_n] = [-a_n]$$

Лемма является следствием утверждений 2.5.7.1, 2.5.7.2, 2.5.7.3, 2.5.7.4. □

ЛЕММА 2.5.8. Мы определим операцию $\omega \in \Omega$ на множестве B, пользуясь равенством

$$[a_{1 \cdot m}]...[a_{n \cdot m}]\omega = [a_{1 \cdot m}...a_{n \cdot m}\omega] \tag{2.5.25}$$

Доказательство. Пусть A - нормированная Ω-группа.

ЛЕММА 2.5.9. Пусть последовательности A-чисел $a_{1 \cdot m}$, ..., $a_{n \cdot m}$, $m = 1, ...,$ являются фундаментальными последовательностями. Последовательность A-чисел $a_{1 \cdot m}...a_{n \cdot m}\omega$ является фундаментальной.

Доказательство. Так как последовательность $a_{i \cdot m}$ является фундаментальной последовательностью A-чисел, то согласно теореме 2.1.19 следует, что для заданного

$$\delta_1 \in R, \ \delta_1 > 0 \tag{2.5.26}$$

существует, зависящее от δ_1, натуральное число M_i такое, что

$$a_{i \cdot q} \in B_o(a_{i \cdot p}, \delta_1) \tag{2.5.27}$$

для любых p, $q > M_i$. Пусть

$$M = \max(M_1, ..., M_n)$$

Из утверждений (2.5.27) и теоремы 2.4.5 следует, что

$$a_{1 \cdot q}...a_{n \cdot q}\omega \in B_o(a_{1 \cdot p}...a_{n \cdot p}\omega, \epsilon_1)$$

$$\epsilon_1 = \delta_1 C_2...C_n + ... + \delta_1 C_1...C_{n-1} \tag{2.5.28}$$

где

$$C_i = \|a_{i \cdot p}\|_i + \delta_1 \tag{2.5.29}$$

Из равенства (2.5.29) и утверждений 2.1.8.1, (2.5.26) следует, что

$$C_i > 0 \quad \frac{dC_i}{d\delta_1} > 0 \tag{2.5.30}$$

Из равенств (2.5.28), (2.5.29) и утверждения (2.5.30) следует, что ϵ_1 является полиномиальной строго монотонно возрастающей функцией $\delta_1 > 0$. При этом

$$\delta_1 = 0 \Rightarrow \epsilon_1 = 0$$

Согласно теореме 2.3.5, отображение (2.5.28) отображает интервал $[0, \delta_1)$ в интервал $[0, \epsilon_1)$. Согласно теореме 2.3.3, для заданного $\epsilon > 0$ существует такое $\delta > 0$, что

$$\epsilon_1(\delta) < \epsilon$$

Согласно построению, значение M зависит от значения δ_1. Мы выберем значение M, соответствующее $\delta_1 = \delta$. Следовательно, для заданного $\epsilon \in R$, $\epsilon > 0$, существует M такое, что из условия $p, q > M$ следует

$$(2.5.31) \qquad a_{1 \cdot q}...a_{n \cdot q}\omega \in B_o(a_{1 \cdot p}...a_{n \cdot p}\omega, \epsilon)$$

Из утверждения (2.5.31) и теоремы 2.1.19 следует, что последовательность A-чисел $a_{1 \cdot m}...a_{n \cdot m}\omega$ является фундаментальной последовательностью.

Лемма 2.5.10. Пусть последовательности A-чисел $a_{1 \cdot m}$, ..., $a_{n \cdot m}$, $m = 1, ...,$ $c_{1 \cdot m}$, ..., $c_{n \cdot m}$, $m = 1, ...,$ являются фундаментальными последовательностями. Пусть

$$(2.5.32) \qquad a_{i \cdot m} \sim c_{i \cdot m}, \quad i = 1, ..., n$$

Тогда

$$(2.5.33) \qquad a_{1 \cdot m}...a_{n \cdot m}\omega \sim c_{1 \cdot m}...c_{n \cdot m}\omega$$

Доказательство. Из утверждения (2.5.32) и леммы 2.5.4 следует, что для заданного

$$(2.5.34) \qquad \delta_1 \in R, \ \delta_1 > 0$$

существует, зависящее от δ_1, натуральное число M_1 такое, что

$$(2.5.35) \qquad c_{i \cdot m} \in B_o(a_{i \cdot m}, \delta_1)$$

для любого $m > M_1$. Пусть

$$M = \max(M_1, ..., M_n)$$

Из утверждений (2.5.35) и теоремы 2.4.5 следует, что

$$c_{1 \cdot m}...c_{n \cdot m}\omega \in B_o(a_{1 \cdot m}...a_{n \cdot m}\omega, \epsilon_1)$$

$$(2.5.36) \qquad \epsilon_1 = \delta_1 C_2...C_n + ... + \delta_1 C_1...C_{n-1}$$

где

$$(2.5.37) \qquad C_i = \|a_{i \cdot n}\|_i + \delta_1$$

Из равенства (2.5.37) и утверждений 2.1.8.1, (3.3.23) следует, что

$$(2.5.38) \qquad C_i > 0 \quad \frac{dC_i}{d\delta_1} > 0$$

Из равенств (2.5.36), (2.5.37) и утверждения (2.5.38) следует, что ϵ_1 является строго монотонно возрастающей функцией $\delta_1 > 0$. При этом

$$\delta_1 = 0 \Rightarrow \epsilon_1 = 0$$

Согласно теореме 2.3.5, отображение (2.5.36) отображает интервал $[0, \delta_1)$ в интервал $[0, \epsilon_1)$. Согласно теореме 2.3.3, для заданного $\epsilon > 0$ существует такое $\delta > 0$, что

$$\epsilon_1(\delta) < \epsilon$$

Согласно построению, значение M зависит от значения δ_1. Мы выберем значение M, соответствующее $\delta_1 = \delta$. Следовательно, для заданного $\epsilon \in R$, $\epsilon > 0$, существует M такое, что из условия $m > M$ следует

$$(2.5.39) \qquad c_{1 \cdot m} ... c_{n \cdot m} \omega \in B_o(a_{1 \cdot m} ... a_{n \cdot m} \omega, \epsilon)$$

Утверждение (2.5.33) следует из утверждения (2.5.39) и леммы 2.5.4.

Из леммы 2.5.9 следует, что последовательность $a_{1 \cdot m} ... a_{n \cdot m} \omega$ является фундаментальной последовательностью. Из леммы 2.5.10 следует, что операция (2.5.25) определена корректно. $\qquad \square$

Лемма 2.5.11. Абелева группа B является абелевой Ω-группой.

Доказательство. Согласно определению 2.1.3, операция $\omega \in \Omega$ полиаддитивна. Из равенства

$$a_{1 \cdot m} ... (a_{i \cdot m} + b_{i \cdot m}) ... a_{n \cdot m} \omega = a_{1 \cdot m} ... a_{i \cdot m} ... a_{n \cdot m} \omega + a_{1 \cdot m} ... b_{i \cdot m} ... a_{n \cdot m} \omega$$

следует, что операция (2.5.25) полиаддитивна

$$[a_{1 \cdot m}] ... [a_{i \cdot m} + b_{i \cdot m}] ... [a_{n \cdot m}] \omega = [a_{1 \cdot m}] ... [a_{i \cdot m}] ... [a_{n \cdot m}] \omega + [a_{1 \cdot m}] ... [b_{i \cdot m}] ... [a_{n \cdot m}] \omega$$

Лемма является следствием определения 2.1.3. $\qquad \square$

Лемма 2.5.12. Пусть последовательность a_n является фундаментальной. Тогда последовательность $\|a_n\|$ является фундаментальной.

Доказательство. Согласно определению 2.1.18, для заданного $\epsilon \in R$, $\epsilon > 0$, существует, зависящее от ϵ, натуральное число N такое, что

$$(2.5.40) \qquad \|a_p - a_q\| < \epsilon$$

для любых p, $q > N$. Из неравенств (2.1.1), (2.5.40) следует, что для любого $\epsilon \in R$, $\epsilon > 0$, существует, зависящее от ϵ, натуральное число N такое, что

$$(2.5.41) \qquad |\, \|a_p\| - \|a_q\| \,| \le \|a_p - a_q\| < \epsilon$$

для любого $n > N$. Согласно определению 2.1.18, последовательность $\|a_n\|$ является фундаментальной. $\qquad \square$

Лемма 2.5.13. Пусть $a_n \sim b_n$. Тогда

$$(2.5.42) \qquad \lim_{n \to \infty} \|a_n\| = \lim_{n \to \infty} \|b_n\|$$

Доказательство. Равенство

$$(2.5.43) \qquad \lim_{n \to \infty} (a_n - b_n) = 0$$

следует из утверждения $a_n \sim b_n$. Согласно определению 2.1.16, из равенства (2.5.43) следует, что для любого $\epsilon \in R$, $\epsilon > 0$, существует, зависящее от ϵ, натуральное число N такое, что

$$\|a_n - b_n\| < \epsilon$$

для любого $n > N$. Из неравенства (2.1.1) следует, что для любого $\epsilon \in R$, $\epsilon > 0$, существует, зависящее от ϵ, натуральное число N такое, что

(2.5.44) $$| \, \|a_n\| - \|b_n\| \, | \le \|a_n - b_n\| < \epsilon$$

для любого $n > N$. Согласно определению 2.1.16, следует, что

(2.5.45) $$\lim_{n \to \infty} (\|a_n\| - \|b_n\|) = 0$$

Из леммы 2.5.12 следует, что последовательности $\|a_n\|$ и $\|b_n\|$ фундаментальны. Равенство (2.5.42) следует из теоремы 2.1.21. $\qquad\square$

Лемма 2.5.14. Мы определим норму на Ω-группе B равенством

(2.5.46) $$\| \, [a_n] \, \| = \lim_{n \to \infty} \|a_n\|$$

Доказательство. Из лемм 2.5.12, 2.5.13 следует, что равенство (2.5.46) является корректным определением отображения

$$B \to R$$

2.5.14.1: Согласно утверждению 2.1.8.1, $\|a_n\| \ge 0$. Следовательно,[2.22]

(2.5.47) $$\lim_{n \to \infty} \|a_n\| \ge 0$$

Из равенства (2.5.46) и неравенства (2.5.47) следует, что $\| \, [a_n] \, \| \ge 0$. Следовательно, утверждение 2.1.8.1 верно для отображения (2.5.46).

2.5.14.2: Пусть $\| \, [a] \, \| = 0$. Из равенства (2.5.46) следует, что

(2.5.48) $$\lim_{n \to \infty} \|a_n\| = 0$$

Согласно определению 2.1.16, из равенства (2.5.48) следует, что для любого $\epsilon \in R$, $\epsilon > 0$, существует, зависящее от ϵ, натуральное число N такое, что $\|a_n\| < \epsilon$ для любого $n > N$. Согласно определению 2.1.16,

(2.5.49) $$\lim_{n \to \infty} a_n = \lim_{n \to \infty} (a_n - 0) = 0$$

Из равенств (2.5.49), (2.5.7) следует, что $a_n \sim 0$. Согласно определению (2.5.14), $[a_n] = [0]$. Следовательно, утверждение 2.1.8.2 верно для отображения (2.5.46).

2.5.14.3: Согласно утверждению 2.1.8.3,

$$\|a_n + b_n\| \le \|a_n\| + \|b_n\|$$

Следовательно,[2.23]

(2.5.50) $$\lim_{n \to \infty} \|a_n + b_n\| \le \lim_{n \to \infty} \|a_n\| + \lim_{n \to \infty} \|b_n\|$$

Из равенства (2.5.46) и неравенства (2.5.50) следует, что

(2.5.51) $$\| \, [a_n + b_n] \, \| \le \| \, [a_n] \, \| + \| \, [b_n] \, \|$$

[2.22]Смотри, например, [10], страница 58, утверждение 3.

[2.23]Смотри, например, [10], страница 58, утверждение 3.

Из неравенства (2.5.51) и равенства (2.5.15) следует, что

$$\| [a_n] + [b_n] \| \leq \| [a_n] \| + \| [b_n] \|$$

Следовательно, утверждение 2.1.8.3 верно для отображения (2.5.46).
2.5.14.4: Согласно утверждению 2.1.8.4, $\| - a_n \| = \| a_n \|$. Согласно теореме
2.1.21

$$(2.5.52) \qquad \lim_{n \to \infty} \| - a_n \| = \lim_{n \to \infty} \| a_n \|$$

Из равенств (2.5.46), (2.5.52) следует, что

$$(2.5.53) \qquad \| [-a_n] \| = \| [a_n] \|$$

Из равенства (2.5.53) и утверждения 2.5.7.4 следует, что

$$\| - [a_n] \| = \| [a_n] \|$$

Следовательно, утверждение 2.1.8.4 верно для отображения (2.5.46).

Согласно утверждениям 2.5.14.1, 2.5.14.2, 2.5.14.3, 2.5.7.4 и определению
2.1.8, отображение (2.5.46) является нормой на Ω-группе B.   □

ЛЕММА 2.5.15. Ω-группа A является подгруппой Ω-группы B. Из условий
$a \in A$ и

$$a = \lim_{n \to \infty} a_n$$

следует

$$(2.5.54) \qquad \| a \| = \| [a_n] \|$$

ДОКАЗАТЕЛЬСТВО. Пусть $a \in A$. Согласно определениям 2.1.16, 2.1.18,
последовательность $a_n = a$, $n = 1, ...,$ является фундаментальной и сходится к a. Согласно определению (2.5.7) и теореме 2.1.21, из условия $a_n \sim b_n$
следует

$$a = \lim_{n \to \infty} b_n$$

Поэтому мы можем отождествить a и $[a_n]$. Согласно теоремам 2.4.3, 2.4.6,
это отождествление является гомоморфизмом Ω-группы A в Ω-группу B. Из
равенства (2.5.46) и теоремы 2.3.9 следует, что

$$(2.5.55) \qquad \| [a_n] \| = \lim_{n \to \infty} \| a_n \| = \| a \|$$

Равенство (2.5.54) следует из равенства (2.5.55).   □

ЛЕММА 2.5.16. Для любого B-числа a существует последовательность A-
чисел такая, что

$$(2.5.56) \qquad a = \lim_{n \to \infty} a_n$$

ДОКАЗАТЕЛЬСТВО. Существует фундаментальная последовательность A-
чисел a_n такая, что $a = [a_n]$. Согласно определению 2.1.18, для заданного
$\epsilon \in R$, $\epsilon > 0$, существует, зависящее от ϵ, натуральное число N_1 такое, что

$$(2.5.57) \qquad \| a_p - a_q \| < \frac{\epsilon}{2}$$

для любых p, $q > N_1$. Согласно леммам 2.5.5, 2.5.15, для любого $q > N_1$

$$(2.5.58) \qquad a - a_q = [a_p] - [a_q] = [a_p - a_q]$$

Согласно лемме 2.5.14

$$(2.5.59) \qquad \|a - a_q\| = \lim_{p \to \infty} \|a_p - a_q\|$$

Согласно определению 2.1.16, из равенства (2.5.59) следует, что для любого $\epsilon \in R$, $\epsilon > 0$, существует, зависящее от ϵ, натуральное число N_2 такое, что

$$(2.5.60) \qquad |\,\|a - a_q\| - \|a_p - a_q\|\,| < \frac{\epsilon}{2}$$

для любого $n > N_2$. Неравенство[2.24]

$$(2.5.63) \qquad \|a - a_q\| - \|a_p - a_q\| < \frac{\epsilon}{2}$$

следует из неравенства (2.5.60). Пусть

$$N = \max(N_1, N_2)$$

Из неравенств (2.5.57), (2.5.63) следует, что для заданного $\epsilon \in R$, $\epsilon > 0$, существует, зависящее от ϵ, натуральное число N такое, что

$$(2.5.64) \qquad \|a - a_q\| < \|a_p - a_q\| + \frac{\epsilon}{2} < \epsilon$$

для любых $q > N$. Равенство (2.5.56) следует из определения 2.1.16. $\square$

ТЕОРЕМА 2.5.17. *Пополнение нормированной Ω-группы A существует.*

ДОКАЗАТЕЛЬСТВО. Согласно лемме 2.5.15, Ω-группа A является подгруппой Ω-группы B. Из леммы 2.5.16 и теоремы 2.2.14 следует, что Ω-группа A всюду плотна в Ω-группе B. Согласно определению 2.5.1, чтобы доказать теорему, необходимо доказать, что Ω-группа B является полной.

Пусть b_n - фундаментальная последовательность B-чисел. Согласно определениям 2.1.13, 2.2.3, 2.2.5, для любого $n > 0$ существует $a_n \in A$ такой, что

$$(2.5.65) \qquad \|a_n - b_n\| < \frac{1}{n}$$

Равенство

$$(2.5.66) \qquad \lim_{n \to \infty} (a_n - b_n) = 0$$

[2.24]Неравенство

$$(2.5.61) \qquad \|a - a_q\| - \|a_p - a_q\| > -\frac{\epsilon}{2}$$

также следует из неравенства (2.5.60). Неравенство

$$(2.5.62) \qquad \|a - a_q\| > \|a_p - a_q\| - \frac{\epsilon}{2}$$

следует из неравенства (2.5.61). Из неравенств (2.5.57), (2.5.62) и утверждения 2.1.8.1 следует, что

$$\|a - a_q\| \geq 0$$

Однако это утверждение очевидно и не интересно для нас.

следует из определения 2.1.16. Из равенства (2.5.66) и теоремы 2.1.20 следует, что последовательность A-чисел a_n является фундаментальной. Согласно определению (2.5.14) существует B-число $[a_n]$. Согласно теореме 2.1.21 и лемме 2.5.16

$$(2.5.67) \qquad \lim_{n \to \infty} b_n = \lim_{n \to \infty} a_n = [a_n]$$

Из равенства (2.5.67) следует, что Ω-группа B является полной. $\qquad \square$

2.6. Ω-группа отображений

Теорема 2.6.1. *Пусть $M(X, A)$ - множество отображений множества X в Ω-группу A. Мы можем определить структуру Ω-группы на множестве $M(X, A)$.*

Доказательство. Пусть $f, g \in M(X, A)$. Тогда мы положим

$$(f + g)(x) = f(x) + g(x)$$

Пусть $\omega \in \Omega$ - n-арная операция. Для отображений $f_i \in M(X, A)$, $i = 1, ..., n$, мы положим

$$(2.6.1) \qquad (f_1 ... f_n \omega)(x) = f_1(x) ... f_n(x) \omega$$

$\qquad \square$

Так как X - произвольное множество, мы не можем определить норму в Ω-группе $M(X, A)$. Однако мы можем определить сходимость последовательности в $M(X, A)$; следовательно, мы можем определить топологию в $M(X, A)$

Определение 2.6.2. Пусть $f_n \in M(X, A)$, $n = 1, ...,$ - последовательность отображений в нормированную Ω-группу A. Отображение $f \in M(X, A)$ называется **пределом последовательности** f_n, если для любого $x \in X$

$$f(x) = \lim_{n \to \infty} f_n(x)$$

Мы будем также говорить, что **последовательность f_n сходится** к отображению f. $\qquad \square$

Из определений 2.1.16, 2.6.2 следует, что если последовательность f_n сходится к f, то для любого $\epsilon \in R, \epsilon > 0$, существует $N(x)$ такое, что

$$\|f_n(x) - f(x)\| < \epsilon$$

для любого $n > N(x)$.

Определение 2.6.3. Пусть $f_n \in M(X, A)$, $n = 1, ...,$ - последовательность отображений в нормированную Ω-группу A. **Последовательность** f_n **сходится равномерно** к отображению f, если для любого $\epsilon \in R, \epsilon > 0$, существует N такое, что

$$\|f_n(x) - f(x)\| < \epsilon$$

для любого $n > N$. $\qquad \square$

ТЕОРЕМА 2.6.4. *Последовательность отображений* $f_n \in M(X, A)$, $n = 1$, *...,   в нормированную Ω-группу A сходится равномерно к отображению f, если для любого $\epsilon \in R$, $\epsilon > 0$, существует N такое, что $f_n(x) \in B_o(f(x), \epsilon)$ для любого $n > N$.*

ДОКАЗАТЕЛЬСТВО. Следствие определений 2.1.13, 2.6.3.   □

ТЕОРЕМА 2.6.5. *Последовательность отображений* $f_n \in M(X, A)$, $n = 1$, *...,   в нормированную Ω-группу A сходится равномерно к отображению f, если для любого $\epsilon \in R$, $\epsilon > 0$, существует N такое, что*

$$(2.6.2) \qquad \|f_n(x) - f_m(x)\| < \epsilon$$

для любых n, $m > N$.

ДОКАЗАТЕЛЬСТВО. Согласно определению 2.6.3, для любого $\epsilon \in R$, $\epsilon > 0$, существует N такое, что

$$(2.6.3) \qquad \|f_n(x) - f(x)\| < \frac{\epsilon}{2}$$

для любого $n > N$. Для любых n, $m > N$, из утверждения 2.1.8.3 и неравенства (2.6.3) следует, что

$$(2.6.4) \qquad \begin{aligned} \|f_n(x) - f_m(x)\| &= \|f_n(x) - f(x) + f(x) - f_m(x)\| \\ &\leq \|f_n(x) - f(x)\| + \|f_m(x) - f(x)\| < \epsilon \end{aligned}$$

Неравенство (2.6.2) следует из неравенства (2.6.4).   □

ТЕОРЕМА 2.6.6. *Последовательность отображений* $f_n \in M(X, A)$, $n = 1$, *...,   в нормированную Ω-группу A сходится равномерно к отображению f, если для любого $\epsilon \in R$, $\epsilon > 0$, существует N такое, что $f_n(x) \in B_o(f_m(x), \epsilon)$ для любых n, $m > N$.*

ДОКАЗАТЕЛЬСТВО. Следствие определения 2.1.13 и теоремы 2.6.5.   □

ТЕОРЕМА 2.6.7. *Пусть последовательность отображений* $f_n \in M(X, A)$, $n = 1$, *...,   в полную Ω-группу A сходится равномерно к отображению f. Пусть последовательность отображений* $g_n \in M(X, A)$, $n = 1$, *...,   в полную Ω-группу A сходится равномерно к отображению g. Тогда последовательность отображений*

$$h_n = f_n + g_n$$

в полную Ω-группу A сходится равномерно к отображению

$$(2.6.5) \qquad h = f + g$$

ДОКАЗАТЕЛЬСТВО. Из равенства

$$f(x) = \lim_{n \to \infty} f_n(x)$$

и теоремы 2.6.4 следует, что для заданного $\epsilon \in R$, $\epsilon > 0$, существует N_a такое, что из условия $n > N_a$ следует

$$(2.6.6) \qquad f_n(x) \in B_o(f(x), \epsilon/2)$$

Из равенства

$$g(x) = \lim_{n \to \infty} g_n(x)$$

и теоремы 2.6.4 следует, что для заданного $\epsilon \in R, \epsilon > 0$, существует N_b такое, что из условия $n > N_b$ следует

$$(2.6.7) \qquad g_n(x) \in B_o(g(x), \epsilon/2)$$

Пусть

$$N = \max(N_a, N_b)$$

Из равенств (2.6.6), (2.6.7), теоремы 2.4.2 и условия $n > N$ следует, что

$$(2.6.8) \qquad h_n(x) = f_n(x) + g_n(x) \in B_o(f(x) + g(x), \epsilon/2 + \epsilon/2) = B_o(h(x), \epsilon)$$

Равенство (2.6.5) следует из равенства (2.6.8) и теоремы 2.6.4. $\qquad \square$

ТЕОРЕМА 2.6.8. *Пусть A - полная Ω-группа. Пусть $\omega \in \Omega$ - n-арная операция. Пусть последовательность отображений $f_{i \cdot m} \in M(X, A)$, $i = 1$, ..., n, $m = 1$, ..., в полную Ω-группу A сходится равномерно к отображению f_i. Пусть множество значений отображения f_i компактно. Тогда последовательность отображений*

$$h_m = f_{1 \cdot m}...f_{n \cdot m}\omega$$

в полную Ω-группу A сходится равномерно к отображению

$$(2.6.9) \qquad h = f_1...f_n\omega$$

ДОКАЗАТЕЛЬСТВО. Из равенства

$$f_i(x) = \lim_{m \to \infty} f_{i \cdot m}(x)$$

и теоремы 2.6.4 следует, что для заданного

$$(2.6.10) \qquad \delta_1 \in R, \ \delta_1 > 0$$

существует M_i такое, что из условия $m > M_i$ следует

$$(2.6.11) \qquad f_{i \cdot m}(x) \in B_o(f_i(x), \delta_1)$$

Пусть

$$M = \max(M_1, ..., M_n)$$

Из равенств (2.6.11), теоремы 2.4.5 и условия $m > M$ следует, что

$$(2.6.12) \qquad h_m(x) = f_{1 \cdot m}(x)...f_{n \cdot m}(x)\omega \in B_o(f_1(x)...f_n(x)\omega, \epsilon_1) = B_o(h(x), \epsilon_1)$$

$$(2.6.13) \qquad \epsilon_1 = \delta_1 C_2...C_n + ... + \delta_1 C_1...C_{n-1}$$

где

$$(2.6.14) \qquad C_i = \|f_i(x)\| + \delta_1$$

Значение C_i зависит от x. Поэтому ϵ_1 также зависит от x. Для оценки равномерной сходимости нам необходимо выбрать максимальное значение ϵ_1. Для заданного δ_1, значение ϵ_1 является полилинейным отображением значений C_i.

Следовательно, ϵ_1 имеет максимальное значение, когда каждое C_i имеет максимальное значение. Так как мы рассматриваем оценку значения ϵ_1 справа, для нас неважно одновременно ли C_i приобретают максимальные значения. Так как множество значений отображения f_i компактно, то, согласно теореме 2.3.11, определена следующая величина

$$(2.6.15) \qquad F_i = \sup \|f_i(x)\|$$

Из равенства (2.6.15) и утверждения 2.1.8.1 следует, что

$$(2.6.16) \qquad F_i \geq 0$$

Из равенств (2.6.14), (2.6.15) следует, что мы можем положить

$$(2.6.17) \qquad C_i = F_i + \delta_1$$

Из равенства (2.6.17) и утверждений (2.6.16), (2.6.10) следует, что

$$(2.6.18) \qquad C_i > 0 \quad \frac{dC_i}{d\delta_1} > 0$$

Из равенств (2.6.13), (2.6.17) и утверждения (2.6.18) следует, что ϵ_1 является полиномиальной строго монотонно возрастающей функцией $\delta_1 > 0$. При этом

$$\delta_1 = 0 \Rightarrow \epsilon_1 = 0$$

Согласно теореме 2.3.5, отображение (2.6.13) отображает интервал $[0, \delta_1)$ в интервал $[0, \epsilon_1)$. Согласно теореме 2.3.3, для заданного $\epsilon > 0$ существует такое $\delta > 0$, что

$$\epsilon_1(\delta) < \epsilon$$

Согласно построению, значение M зависит от значения δ_1. Мы выберем значение M, соответствующее $\delta_1 = \delta$. Следовательно, для заданного $\epsilon \in R$, $\epsilon > 0$, существует M такое, что из условия $m > M$ следует

$$(2.6.19) \qquad h_m(x) = f_{1 \cdot m}(x)...f_{n \cdot m}(x)\omega \in B_o(f_1(x)...f_n(x)\omega, \epsilon) = B_o(h(x), \epsilon)$$

Равенство (2.6.9) следует из равенства (2.6.19) и теоремы 2.6.4. $\qquad\qquad \square$

Глава 3

Представление Ω-группы

3.1. Представление Ω-группы

Определение 3.1.1. Пусть

$$f : A_1 \mathrel{-\!\!*\!\!\longrightarrow} A_2$$

представление[3.1] Ω_1-группы A_1 с нормой $\|x\|_1$ в Ω_2-группе A_2 с нормой $\|x\|_2$. Величина

(3.1.1)
$$\|f\| = \sup \frac{\|f(a_1)(a_2)\|_2}{\|a_1\|_1 \|a_2\|_2}$$

называется **нормой представления** f. □

Теорема 3.1.2. *Пусть*

$$f : A_1 \mathrel{-\!\!*\!\!\longrightarrow} A_2$$

представление Ω_1-группы A_1 с нормой $\|x\|_1$ в Ω_2-группе A_2 с нормой $\|x\|_2$. Тогда

(3.1.2)
$$\|f(a_1)(a_2)\|_2 \leq \|f\| \|a_1\|_1 \|a_2\|_2$$

Доказательство. Из равенства (3.1.1) следует, что

(3.1.3)
$$\frac{\|f(a_1)(a_2)\|_2}{\|a_1\|_1 \|a_2\|_2} \leq \sup \frac{\|f(a_1)(a_2)\|_2}{\|a_1\|_1 \|a_2\|_2} = \|f\|$$

Неравенство (3.1.2) следует из неравенства (3.1.3). □

Теорема 3.1.3. *Пусть*

$$f : A_1 \mathrel{-\!\!*\!\!\longrightarrow} A_2$$

представление Ω_1-группы A_1 с нормой $\|x\|_1$ в Ω_2-группе A_2 с нормой $\|x\|_2$. Верно следующее неравенство

(3.1.4)
$$\|f(c_1)(c_2) - f(a_1)(a_2)\|_2 \leq \|f\|(\|c_1 - a_1\|_1 C_2 + C_1 \|c_2 - a_2\|_2)$$

где

(3.1.5)
$$C_1 = \max(\|a_1\|_1, \|c_1\|_1) \quad C_2 = \max(\|a_2\|_2, \|c_2\|_2)$$

[3.1]Смотри определение [7]-2.1.2, представления универсальной алгебры. Согласно определению [9]-2.1.2, модуль - это представление кольца в абелевой группе. Так как кольцо и абелева группа являются Ω-группами, то модуль - это представление Ω-группы.

Доказательство. Согласно определениям 2.1.3, [7]-2.1.2,

$$(3.1.6) \quad \begin{aligned} f(c_1)(c_2) - f(a_1)(a_2) &= f(c_1)(c_2) - f(a_1)(c_2) + f(a_1)(c_2) - f(a_1)(a_2) \\ &= f(c_1 - a_1)(c_2) + f(a_1)(c_2 - a_2) \end{aligned}$$

Из равенства (3.1.6) и утверждения 2.1.8.3 следует, что

$$(3.1.7) \quad \|f(c_1)(c_2) - f(a_1)(a_2)\|_2 \le \|f(c_1 - a_1)(c_2)\|_2 + \|f(a_1)(c_2 - a_2)\|_2$$

Из равенства (3.1.5) и теоремы 3.1.2 следует, что

$$(3.1.8) \quad \begin{aligned} \|f(c_1 - a_1)(c_2)\|_2 &\le \|f\| \, \|c_1 - a_1\|_1 \, C_2 \\ \|f(a_1)(c_2 - a_2)\|_2 &\le \|f\| \, C_1 \, \|c_2 - a_2\|_2 \end{aligned}$$

Утверждение (3.1.4) следует из неравенств (3.1.7), (3.1.8).   □

Теорема 3.1.4. *Пусть*

$$f : A_1 \dashrightarrow A_2$$

представление Ω_1-группы A_1 с нормой $\|x\|_1$ в Ω_2-группе A_2 с нормой $\|x\|_2$. Для $c_1 \in A_1$, пусть $c_1 \in B_c(a_1 \in A_1, R_1)$. Для $c_2 \in A_2$, пусть $c_2 \in B_c(a_2 \in A_2, R_2)$. Тогда

$$(3.1.9) \quad f(c_1)(c_2) \in B_c(f(a_1)(a_2), \|f\|(R_1 C_2 + C_1 R_2))$$

где

$$(3.1.10) \quad C_1 = \|a_1\|_1 + R_1 \quad C_2 = \|a_2\|_2 + R_2$$

Доказательство. Согласно определению 2.1.13

$$(3.1.11) \quad \begin{aligned} \|c_1 - a_1\|_1 &\le R_1 \\ \|c_2 - a_2\|_2 &\le R_2 \end{aligned}$$

Неравенство

$$(3.1.12) \quad \|c_i\| = \|a_i + c_i - a_i\| \le \|a_i\| + \|c_i - a_i\| \le \|a_i\| + R_i$$

следует из неравенства (3.1.11) и утверждения 2.1.8.3. Неравенство

$$(3.1.13) \quad C_i \le \max(\|a_i\|, \|a_i\| + R_i) = \|a_i\| + R_i \quad i = 1, 2$$

следует из неравенства (3.1.12) и равенства (3.1.5). Равенство (3.1.10) следует из неравенства (3.1.13). Утверждение (3.1.9) следует из неравенств (3.1.4), (3.1.11), равенства (3.1.10) и определения 2.1.13.   □

Теорема 3.1.5. *Пусть*

$$f : A_1 \dashrightarrow A_2$$

представление Ω_1-группы A_1 с нормой $\|x\|_1$ в Ω_2-группе A_2 с нормой $\|x\|_2$. Пусть последовательность A_1-чисел $a_{1 \cdot n}$ сходится и

$$(3.1.14) \quad \lim_{n \to \infty} a_{1 \cdot n} = a_1$$

Пусть последовательность A_2-чисел $a_{2 \cdot n}$ сходится и

$$(3.1.15) \qquad \lim_{n \to \infty} a_{2 \cdot n} = a_2$$

Тогда последовательность A_2-чисел $f(a_{1 \cdot n})(a_{2 \cdot n})$ сходится и

$$(3.1.16) \qquad \lim_{n \to \infty} f(a_{1 \cdot n})(a_{2 \cdot n}) = f(a_1)(a_2)$$

Доказательство. Пусть

$$(3.1.17) \qquad \delta_1 \in R, \ \delta_1 > 0$$

Из равенства (3.1.14) и теоремы 2.1.17 следует, что для заданного δ_1 существует N_1 такое, что из условия $n > N_1$ следует

$$(3.1.18) \qquad a_{1 \cdot n} \in B_o(a_1, \delta_1)$$

Из равенства (3.1.15) и теоремы 2.1.17 следует, что для заданного δ_1 существует N_2 такое, что из условия $n > N_2$ следует

$$(3.1.19) \qquad a_{2 \cdot n} \in B_o(a_2, \delta_1)$$

Пусть

$$N = \max(N_1, N_2)$$

Из равенств (3.1.18), (3.1.19), теоремы 3.1.4 и условия $n > N$ следует, что

$$(3.1.20) \qquad f(a_{1 \cdot n})(a_{2 \cdot n}) \in B_o(f(a_1)(a_n), \epsilon_1)$$

$$(3.1.21) \qquad \epsilon_1 = \|f\|(\delta_1 C_2 + \delta_1 C_1)$$

где

$$(3.1.22) \qquad C_i = \|a_i\| + \delta_1$$

Из равенства (3.1.22) и утверждений 2.1.8.1, (3.1.17) следует, что

$$(3.1.23) \qquad C_i > 0 \quad \frac{dC_i}{d\delta_1} > 0$$

Из равенств (3.1.21), (3.1.22) и утверждения (3.1.23) следует, что ϵ_1 является полиномиальной строго монотонно возрастающей функцией $\delta_1 > 0$. При этом

$$\delta_1 = 0 \Rightarrow \epsilon_1 = 0$$

Согласно теореме 2.3.5, отображение (3.1.21) отображает интервал $[0, \delta_1)$ в интервал $[0, \epsilon_1)$. Согласно теореме 2.3.3, для заданного $\epsilon > 0$ существует такое $\delta > 0$, что

$$\epsilon_1(\delta) < \epsilon$$

Согласно построению, значение N зависит от значения δ_1. Мы выберем значение N, соответствующее $\delta_1 = \delta$. Следовательно, для заданного $\epsilon \in R, \epsilon > 0$, существует N такое, что из условия $N > N$ следует

$$(3.1.24) \qquad f(a_{1 \cdot n})(a_{2 \cdot n}) \in B_o(f(a_1)(a_n), \epsilon)$$

Равенство (3.1.16) следует из равенства (3.1.24) и теоремы 2.1.17. $\qquad \square$

Теорема 3.1.6. *Представление*

$$f : A_1 \dashrightarrow A_2$$

Ω_1-*группы* A_1 *с нормой* $\|x\|_1$ *в* Ω_2-*группе* A_2 *с нормой* $\|x\|_2$ *может быть продолжено до представления*

$$f^* : A_1 \longrightarrow M(X, A_2)$$

Ω_1-*группы* A_1 *в* Ω_2-*группе* $M(X, A_2)$ *где* $(g \in M(X, A_2))$

(3.1.25) $$(f^*(a_1)(g))(x) = f(a_1)(g(x))$$

Доказательство. Чтобы доказать теорему, мы должны показать, что отображение f^* является гомоморфизмом Ω_1-группы A_1 и для любого $a_1 \in A_1$ отображение $f^*(a_1)$ является гомоморфизмом Ω_2-группы $M(X, A_2)$.

Согласно определению [7]-2.1.2, отображение f является гомоморфизмом Ω_1-группы A_1. Следовательно, для n-арной операции $\omega \in \Omega_1$ и произвольных $a_{1.1}, ..., a_{1.n} \in A_1$ следующее равенство верно

(3.1.26) $$f(a_{1.1}...a_{1.n}\omega) = f(a_{1.1})...f(a_{1.n})\omega$$

Из равенств (2.6.1), (3.1.26) следует, что

(3.1.27) $$f(a_{1.1}...a_{1.n}\omega)(a_2) = (f(a_{1.1})(a_2))...(f(a_{1.n})(a_2))\omega$$

Из равенств (3.1.25), (3.1.27) следует, что

(3.1.28)
$$\begin{aligned}
(f^*(a_{1.1}...a_{1.n}\omega)(g))(x) &= f(a_{1.1}...a_{1.n}\omega)(g(x)) \\
&= f(a_{1.1})(g(x))...f(a_{1.n})(g(x))\omega \\
&= ((f^*(a_{1.1})(g))(x))...((f^*(a_{1.n})(g))(x))\omega
\end{aligned}$$

Из равенств (2.6.1), (3.1.28) следует, что

(3.1.29)
$$\begin{aligned}
(f^*(a_{1.1}...a_{1.n}\omega)(g))(x) &= ((f^*(a_{1.1})(g))...(f^*(a_{1.n})(g))\omega)(x) \\
&= ((f^*(a_{1.1})...f^*(a_{1.n})\omega)(g))(x)
\end{aligned}$$

Из равенства (3.1.29) следует, что

(3.1.30) $$f^*(a_{1.1}...a_{1.n}\omega) = f^*(a_{1.1})...f^*(a_{1.n})\omega$$

Из равенства (3.1.30) следует, что отображение f^* является гомоморфизмом Ω_1-группы A_1.

Согласно определению [7]-2.1.2, отображение $f(a_1)$, $a_1 \in A_1$, является гомоморфизмом Ω_2-группы A_2. Следовательно, для n-арной операции $\omega \in \Omega_2$ и произвольных $a_{2.1}, ..., a_{2.n} \in A_2$ следующее равенство верно

(3.1.31) $$f(a_1)(a_{2.1}...a_{2.n}\omega) = (f(a_1)(a_{2.1}))...(f(a_1)(a_{2.n}))\omega$$

Из равенств (3.1.25), следует, что

(3.1.32) $$(f^*(a_1)(g_1...g_n\omega))(x) = f(a_1)((g_1...g_n\omega)(x))$$

Из равенств (2.6.1), (3.1.32) следует, что

(3.1.33) $$(f^*(a_1)(g_1...g_n\omega))(x) = f(a_1)(g_1(x)...g_n(x)\omega)$$

Из равенств (3.1.31), (3.1.33) следует, что

(3.1.34) $$(f^*(a_1)(g_1...g_n\omega))(x) = (f(a_1)(g_1(x)))...(f(a_1)(g_n(x)))\omega$$

Из равенств (2.6.1), (3.1.25), (3.1.34) следует, что

(3.1.35)
$$(f^*(a_1)(g_1...g_n\omega))(x) = ((f^*(a_1)(g_1))(x))...((f^*(a_1)(g_n))(x))\omega$$
$$= ((f^*(a_1)(g_1))...(f^*(a_1)(g_n))\omega)(x)$$

Из равенства (3.1.35) следует, что

(3.1.36) $$f^*(a_1)(g_1...g_n\omega) = (f^*(a_1)(g_{\bar{1}}))...(f^*(a_1)(g_n))\omega$$

Из равенства (3.1.36) следует, что для любого $a_1 \in A_1$ отображение $f^*(a_1)$ является гомоморфизмом Ω_2-группы $M(X, A_2)$. $\square$

3.2. Представление Ω-группы отображений

ТЕОРЕМА 3.2.1. *Представление*

$$f : A_1 \relbar\!\!\ast\!\!\relbar\!\!\rightarrow A_2$$

Ω_1-*группы* A_1 *с нормой* $\|x\|_1$ *в* Ω_2-*группе* A_2 *с нормой* $\|x\|_2$ *порождает представление*

$$f_X : M(X, A_1) \relbar\!\!\ast\!\!\relbar\!\!\rightarrow M(X, A_2)$$

Ω_1-*группы* $M(X, A_1)$ *в* Ω_2-*группе* $M(X, A_2)$ *где* ($g_1 \in M(X, A_1)$, $g_2 \in M(X, A_2)$)

(3.2.1)
$$f_X(g_1)(g_2) : X-> A_2$$
$$(f_X(g_1)(g_2))(x) = f(g_1(x))(g_2(x))$$

ДОКАЗАТЕЛЬСТВО. Чтобы доказать теорему, мы должны показать, что отображение f_X является гомоморфизмом Ω_1-группы $M(X, A_1)$ и для любого $g_1 \in M(X, A_1)$ отображение $f_X(g_1)$ является гомоморфизмом Ω_2-группы $M(X, A_2)$.

Согласно определению [7]-2.1.2, отображение f является гомоморфизмом Ω_1-группы A_1. Следовательно, для n-арной операции $\omega \in \Omega_1$ и произвольных $a_{1\cdot1}, ..., a_{1\cdot n} \in A_1$ следующее равенство верно

(3.2.2) $$f(a_{1\cdot1}...a_{1\cdot n}\omega) = f(a_{1\cdot1})...f(a_{1\cdot n})\omega$$

Из равенства (2.6.1) следует, что

(3.2.3) $$(g_{1\cdot1}...g_{1\cdot n}\omega)(x) = g_{1\cdot1}(x)...g_{1\cdot n}(x)\omega$$

Из равенств (3.2.2), (3.2.3) следует, что

(3.2.4) $$f((g_{1\cdot1}...g_{1\cdot n}\omega)(x)) = f(g_{1\cdot1}(x)...g_{1\cdot n}(x)\omega) = f(g_{1\cdot1}(x))...f(g_{1\cdot n}(x))\omega$$

Из равенств (2.6.1), (3.2.4), следует, что

(3.2.5)
$$f((g_{1\cdot1}...g_{1\cdot n}\omega)(x))(a_2) = (f(g_{1\cdot1}(x))...f(g_{1\cdot n}(x))\omega)(a_2)$$
$$= (f(g_{1\cdot1}(x))(a_2))...(f(g_{1\cdot n}(x))(a_2))\omega$$

Из равенств (3.2.1), (3.2.5) следует, что

$$(f_X(g_{1\cdot 1}...g_{1\cdot n}\omega)(g_2))(x) = f((g_{1\cdot 1}...g_{1\cdot n}\omega)(x))(g_2(x))$$
$$(3.2.6) \qquad = (f(g_{1\cdot 1}(x))(g_2(x)))...(f(g_{1\cdot n}(x))(g_2(x)))\omega$$
$$= ((f_X(g_{1\cdot 1})(g_2))(x))...((f_X(g_{1\cdot n})(g_2))(x))\omega$$

Из равенств (2.6.1), (3.2.6) следует, что

$$(f_X(g_{1\cdot 1}...g_{1\cdot n}\omega)(g_2))(x) = ((f_X(g_{1\cdot 1})(g_2))...(f_X(g_{1\cdot n})(g_2))\omega)(x)$$
$$(3.2.7) \qquad = ((f_X(g_{1\cdot 1})...f_X(g_{1\cdot n})\omega)(g_2))(x)$$

Из равенства (3.2.7) следует, что

$$(3.2.8) \qquad f_X(g_{1\cdot 1}...g_{1\cdot n}\omega) = f_X(g_{1\cdot 1})...f_X(g_{1\cdot n})\omega$$

Из равенства (3.2.8) следует, что отображение f_X является гомоморфизмом Ω_1-группы $M(X, A_1)$.

Согласно определению [7]-2.1.2, отображение $f(a_1)$, $a_1 \in A_1$, является гомоморфизмом Ω_2-группы A_2. Следовательно, для n-арной операции $\omega \in \Omega_2$ и произвольных $a_{2\cdot 1}, ..., a_{2\cdot n} \in A_2$ следующее равенство верно

$$(3.2.9) \qquad f(a_1)(a_{2\cdot 1}...a_{2\cdot n}\omega) = (f(a_1)(a_{2\cdot 1}))...(f(a_1)(a_{2\cdot n}))\omega$$

Из равенства (2.6.1) следует, что

$$(3.2.10) \qquad (g_{2\cdot 1}...g_{2\cdot n}\omega)(x) = g_{2\cdot 1}(x)...g_{2\cdot n}(x)\omega$$

Из равенств (3.2.9), (3.2.10) следует, что

$$f(a_1)((g_{2\cdot 1}...g_{2\cdot n}\omega)(x)) = f(a_1)(g_{2\cdot 1}(x)...g_{2\cdot n}(x)\omega)$$
$$(3.2.11) \qquad = (f(a_1)(g_{2\cdot 1}(x)))...(f(a_1)(g_{2\cdot n}(x)))\omega$$

Из равенств (3.2.1), (3.2.11) следует, что

$$(f_X(g_1)(g_{2\cdot 1}...g_{2\cdot n}\omega))(x) = f(g_1(x))((g_{2\cdot 1}...g_{2\cdot n}\omega)(x))$$
$$(3.2.12) \qquad = (f(g_1(x))(g_{2\cdot 1}(x)))...(f(g_1(x))(g_{2\cdot n}(x)))\omega$$
$$= ((f_X(g_1)(g_{2\cdot 1}))(x))...((f(g_1)(g_{2\cdot n}))(x))\omega$$

Из равенств (2.6.1), (3.2.12) следует, что

$$(3.2.13) \qquad (f_X(g_1)(g_{2\cdot 1}...g_{2\cdot n}\omega))(x) = ((f_X(g_1)(g_{2\cdot 1}))...(f_X(g_1)(g_{2\cdot n}))\omega)(x)$$

Из равенств (3.2.9), (3.2.13) следует, что

$$(3.2.14) \qquad f_X(g_1)(g_{2\cdot 1}...g_{2\cdot n}\omega) = (f_X(g_1)(g_{2\cdot 1}))...(f_X(g_1)(g_{2\cdot n}))\omega$$

Из равенства (3.2.14) следует, что, для любого $g_1 \in M(X, A_1)$, отображение $f_X(g_1)$ является гомоморфизмом Ω_2-группы $M(X, A_2)$. $\qquad \square$

Теорема 3.2.2. *Пусть*

$$f : A_1 \overset{*}{\longrightarrow} A_2$$

представление полной Ω_1-группы A_1 с нормой $\|x\|_1$ в полной Ω_2-группе A_2 с нормой $\|x\|_2$. Пусть последовательность отображений $g_{1\cdot n} \in M(X, A_1)$,

$n = 1, ...,$ *сходится равномерно к отображению* g_1. *Пусть последовательность отображений* $g_{2 \cdot n} \in M(X, A_2)$, $n = 1, ...,$ *сходится равномерно к отображению* g_2. *Пусть множество значений отображения* g_i, $i = 1, 2$, *компактно. Тогда последовательность отображений* $f_X(g_{1 \cdot n})(g_{2 \cdot n})$ *сходится равномерно к отображению* $f_X(g_1)(g_2)$.

Доказательство. Из равенства

$$(3.2.15) \qquad g_i(x) = \lim_{n \to \infty} g_{i \cdot n}(x)$$

и теоремы 2.6.4 следует, что для заданного

$$(3.2.16) \qquad \delta_1 \in R, \ \delta_1 > 0$$

существует N_i такое, что из условия $n > N_i$ следует

$$(3.2.17) \qquad g_{i \cdot n}(x) \in B_o(g_i(x), \delta_1)$$

Пусть

$$N = \max(N_1, N_2)$$

Из равенства (3.2.17), теоремы 3.1.4 и условия $n > N$ следует, что

$$(3.2.18) \qquad f(g_{1 \cdot n}(x))(g_{2 \cdot n}(x)) \in B_o(f(g_1(x))(g_2(x)), \epsilon_1)$$

$$(3.2.19) \qquad \epsilon_1 = \|f\|(\delta_1 C_2 + \delta_1 C_1)$$

где

$$(3.2.20) \qquad C_i = \|f_i(x)\| + \delta_1$$

Значение C_i зависит от x. Поэтому ϵ_1 также зависит от x. Для оценки равномерной сходимости нам необходимо выбрать максимальное значение ϵ_1. Для заданного δ_1, значение ϵ_1 является полилинейным отображением значений C_i. Следовательно, ϵ_1 имеет максимальное значение, когда каждое C_i имеет максимальное значение. Так как мы рассматриваем оценку значения ϵ_1 справа, для нас неважно одновременно ли C_i приобретают максимальные значения. Так как множество значений отображения f_i компактно, то, согласно теореме 2.3.11, определена следующая величина

$$(3.2.21) \qquad F_i = \sup \|f_i(x)\|$$

Из равенства (3.2.21) и утверждения 2.1.8.1 следует, что

$$(3.2.22) \qquad F_i \geq 0$$

Из равенств (3.2.20), (3.2.21) следует, что мы можем положить

$$(3.2.23) \qquad C_i = F_i + \delta_1$$

Из равенства (3.2.23) и утверждений (3.2.22), (3.2.16) следует, что

$$(3.2.24) \qquad C_i > 0 \quad \frac{dC_i}{d\delta_1} > 0$$

Из равенств (3.2.19), (3.2.23) и утверждения (3.2.24) следует, что ϵ_1 является полиномиальной строго монотонно возрастающей функцией $\delta_1 > 0$. При этом

$$\delta_1 = 0 \Rightarrow \epsilon_1 = 0$$

Согласно теореме 2.3.5, отображение (3.2.19) отображает интервал $[0, \delta_1]$ в интервал $[0, \epsilon_1]$. Согласно теореме 2.3.3, для заданного $\epsilon > 0$ существует такое $\delta > 0$, что

$$\epsilon_1(\delta) < \epsilon$$

Согласно построению, значение N зависит от значения δ_1. Мы выберем значение N, соответствующее $\delta_1 = \delta$. Следовательно, для заданного $\epsilon \in R$, $\epsilon > 0$, существует N такое, что из условия $n > N$ следует

(3.2.25) $$f(g_{1 \cdot n}(x))(g_{2 \cdot n}(x)) \in B_o(f(g_1(x))(g_2(x)), \epsilon)$$

Равенство

$$f(g_1(x))(g_2(x)) = \lim_{n \to \infty} f(g_{1 \cdot n}(x))(g_{2 \cdot n}(x))$$

следует из равенства (3.2.25) и теоремы 2.6.4. □

3.3. Пополнение представления Ω-группы

ОПРЕДЕЛЕНИЕ 3.3.1. Пусть

$$f : A_1 \dashrightarrow A_2$$

представление нормированной Ω_1-группы A_1 с нормой $\|x\|_1$ в нормированную Ω_2-группе A_2 с нормой $\|x\|_2$. Представление

$$g : B_1 \dashrightarrow B_2$$

полной Ω_1-группы B_1 в полной Ω_2-группе B_2 называется **пополнением представления** f, если

3.3.1.1: Ω-группа B_1 является пополнением нормированной Ω_1-группы A_1.
3.3.1.2: Ω-группа B_2 является пополнением нормированной Ω_2-группы A_2.
3.3.1.3: Если $a_1 \in A_1$, $a_2 \in A_2$, то

(3.3.1) $$g(a_1)(a_2) = f(a_1)(a_2)$$

□

ТЕОРЕМА 3.3.2. *Пусть*

$$f : A_1 \dashrightarrow A_2$$

представление нормированной Ω_1-группы A_1 с нормой $\|x\|_1$ в нормированную Ω_2-группе A_2 с нормой $\|x\|_2$. Пусть представления

$$g_1 : B_{11} \dashrightarrow B_{12}$$

$$g_2 : B_{21} \dashrightarrow B_{22}$$

являются пополнениями представления f.

3.3.2.1: *Для $i = 1$, 2, существует изоморфизм Ω-группы*

$$(3.3.2) \qquad h_i : B_{i1} \to B_{i2}$$

такой, что

$$(3.3.3) \qquad h_i(a_i) = a_i \quad a_i \in A_i$$

$$(3.3.4) \qquad \|h_i(b_i)\|_i = \|b_i\|_i$$

3.3.2.2: *Пара отображений*

$$(3.3.5) \qquad (h_1 : B_{11} \to B_{12}, h_2 : B_{21} \to B_{22})$$

является морфизмом представлений из g_1 в g_2.

Доказательство. Утверждение 3.3.2.1 следует из теоремы 2.5.2.

Пусть $b_1 \in B_{11}$, $b_2 \in B_{12}$. Согласно теореме 2.2.14 существуют последовательности A_i-чисел $a_{i \cdot n}$ такая, что

$$(3.3.6) \qquad b_1 = \lim_{n \to \infty} a_{1 \cdot n} \quad b_2 = \lim_{n \to \infty} a_{2 \cdot n}$$

Из равенства (3.3.6) следует, что последовательность A_I-чисел $a_{i \cdot n}$ является фундаментальной последовательностью в Ω-группе A_i. Для любого n следующее равенство очевидно

$$(3.3.7) \qquad f(a_{1 \cdot n})(a_{2 \cdot n}) = f(a_{1 \cdot n})(a_{2 \cdot n})$$

Так как $f(a_{1 \cdot n})(a_{2 \cdot n}) \in A_2$, то равенство

$$(3.3.8) \qquad f(a_{1 \cdot n})(a_{2 \cdot n}) = h_2(g_1(a_{1 \cdot n})(a_{2 \cdot n})) = g_2(h_1(a_{1 \cdot n}))(h_2(a_{2 \cdot n}))$$

является следствием равенства (3.3.3). Непрерывность отображений h_1, h_2 следует из равенства (3.3.4). Следовательно, равенство

$$(3.3.9) \qquad h_2(g_1(b_1)(b_2)) = g_2(h_1(b_1))(h_2(b_2))$$

следует из равенств (3.3.6), (3.3.8) и теоремы 3.1.5. Теорема следует из равенств (3.3.9), [7]-(2.2.4) и определения [7]-2.2.2. $\qquad\square$

Лемма 3.3.3. Пусть

$$f : A_1 \dashrightarrow A_2$$

представление нормированной Ω_1-группы A_1 с нормой $\|x\|_1$ в нормированную Ω_2-группе A_2 с нормой $\|x\|_2$. Пусть $a_{1 \cdot n}$ является фундаментальной последовательностью A_1-чисел. Пусть $a_{2 \cdot n}$ является фундаментальной последовательностью A_2-чисел. Тогда последовательность $f(a_{1 \cdot n})(a_{2 \cdot n})$ является фундаментальной последовательностью A_2-чисел.

Доказательство. Пусть

$$(3.3.10) \qquad \delta_1 \in R, \ \delta_1 > 0$$

Так как последовательность $a_{1 \cdot n}$ является фундаментальной последовательностью A_1-чисел, то согласно теореме 2.1.19 следует, что для заданного δ_1 существует, зависящее от δ_1, натуральное число N_1 такое, что

$$(3.3.11) \qquad a_{1 \cdot q} \in B_o(a_{1 \cdot p}, \delta_1)$$

для любых $p, q > N_1$. Так как последовательность $a_{2 \cdot n}$ является фундаментальной последовательностью A_2-чисел, то согласно теореме 2.1.19, следует, что для заданного δ_1 существует, зависящее от δ_1, натуральное число N_2 такое, что

$$(3.3.12) \qquad a_{2 \cdot q} \in B_o(a_{2 \cdot p}, \delta_1)$$

для любых $p, q > N_2$. Пусть

$$N = \max(N_1, N_2)$$

Из утверждений (3.3.11), (3.3.12) и теоремы 3.1.4 следует, что

$$(3.3.13) \qquad f(a_{1 \cdot q})(a_{2 \cdot q}) \in B_o(f(a_{1 \cdot p})(a_{2 \cdot p}), \epsilon_1)$$

$$(3.3.14) \qquad \epsilon_1 = \|f\|(\delta_1 C_2 + \delta_1 C_1)$$

где

$$(3.3.15) \qquad C_i = \|a_{i \cdot p}\|_i + \delta_1$$

Из равенства (3.3.15) и утверждений 2.1.8.1, (3.3.10) следует, что

$$(3.3.16) \qquad C_i > 0 \quad \frac{dC_i}{d\delta_1} > 0$$

Из равенств (3.3.14), (3.3.15) и утверждения (3.3.16) следует, что ϵ_1 является полиномиальной строго монотонно возрастающей функцией $\delta_1 > 0$. При этом

$$\delta_1 = 0 \Rightarrow \epsilon_1 = 0$$

Согласно теореме 2.3.5, отображение (3.3.14) отображает интервал $[0, \delta_1)$ в интервал $[0, \epsilon_1)$. Согласно теореме 2.3.3, для заданного $\epsilon > 0$ существует такое $\delta > 0$, что

$$\epsilon_1(\delta) < \epsilon$$

Согласно построению, значение N зависит от значения δ_1. Мы выберем значение N, соответствующее $\delta_1 = \delta$. Следовательно, для заданного $\epsilon \in R, \epsilon > 0$, существует N такое, что из условия $n > N$ следует

$$(3.3.17) \qquad f(a_{1 \cdot q})(a_{2 \cdot q}) \in B_o(f(a_{1 \cdot p})(a_{2 \cdot p}), \epsilon)$$

Из утверждения (3.3.17) и теоремы 2.1.19 следует, что последовательность $f(a_{1 \cdot n})(a_{2 \cdot n})$ является фундаментальной последовательностью. $\square$

Теорема 3.3.4. *Пополнение представления нормированной Ω-группы существует.*

ДОКАЗАТЕЛЬСТВО. Пусть A_1 - нормированная Ω_1-группа. Пусть A_2 - нормированная Ω_2-группа. Согласно теореме 2.5.17, существует пополнение B_1 нормированной Ω_1-группы A_1 и пополнение B_2 нормированной Ω_2-группы A_2. Чтобы доказать существование пополнения g представления f

$$g : B_1 \dashrightarrow B_2$$

мы будем пользоваться записью, предложенной в разделе 2.5. Рассмотрим отношением эквивалентности на множестве фундаментальных последовательностей A_i-чисел

$$(3.3.18) \qquad a_{i\cdot n} \sim b_{i\cdot n} \Leftrightarrow \lim_{n \to \infty}(a_{i\cdot n} - b_{i\cdot n}) = 0$$

Пусть B_i является множеством классов эквивалентных фундаментальных последовательностей A_i-чисел. Мы будем пользоваться записью

$$(3.3.19) \qquad [a_{i\cdot n}] = \{b_{i\cdot n} : a_{i\cdot n} \sim b_{i\cdot n}\}$$

для класса последовательностей, эквивалентных последовательности $a_{i\cdot n}$.

ЛЕММА 3.3.5. Пусть $a_{1\cdot n}$, $b_{1\cdot n}$ являются фундаментальными последовательностями A_1-чисел,

$$(3.3.20) \qquad a_{1\cdot n} \sim b_{1\cdot n}$$

Пусть $a_{2\cdot n}$, $b_{2\cdot n}$ являются фундаментальными последовательностями A_2-чисел,

$$(3.3.21) \qquad a_{2\cdot n} \sim b_{2\cdot n}$$

Тогда

$$(3.3.22) \qquad f(a_{1\cdot n})(a_{2\cdot n}) \sim f(b_{1\cdot n})(b_{2\cdot n})$$

ДОКАЗАТЕЛЬСТВО. Пусть

$$(3.3.23) \qquad \delta_1 \in R, \; \delta_1 > 0$$

Из утверждения (3.3.20) и леммы 2.5.4 следует, что для заданного δ_1 существует, зависящее от δ_1, натуральное число N_1 такое, что

$$(3.3.24) \qquad b_{1\cdot n} \in B_o(a_{1\cdot n}, \delta_1)$$

для любого $n > N_1$. Из утверждения (3.3.21) и теоремы 2.5.4 следует, что для заданного δ_1 существует, зависящее от δ_1, натуральное число N_2 такое, что

$$(3.3.25) \qquad b_{2\cdot n} \in B_o(a_{2\cdot n}, \delta_1)$$

для любого $n > N_2$. Пусть

$$N = \max(N_1, N_2)$$

Из утверждений (3.3.24), (3.3.25) и теоремы 3.1.4 следует, что

$$(3.3.26) \qquad f(b_{1\cdot n})(b_{2\cdot n}) \in B_o(f(a_{1\cdot n})(a_{2\cdot n}), \epsilon_1)$$

$$(3.3.27) \qquad \epsilon_1 = \|f\|(\delta_1 C_2 + \delta_1 C_1)$$

где

(3.3.28)
$$C_i = \|a_{i \cdot n}\|_i + \delta_1$$

Из равенства (3.3.28) и утверждений 2.1.8.1, (3.3.23) следует, что

(3.3.29)
$$C_i > 0 \quad \frac{dC_i}{d\delta_1} > 0$$

Из равенств (3.3.27), (3.3.28) и утверждения (3.3.29) следует, что ϵ_1 является строго монотонно возрастающей функцией $\delta_1 > 0$. При этом

$$\delta_1 = 0 \Rightarrow \epsilon_1 = 0$$

Согласно теореме 2.3.5, отображение (3.3.27) отображает интервал $[0, \delta_1)$ в интервал $[0, \epsilon_1)$. Согласно теореме 2.3.3, для заданного $\epsilon > 0$ существует такое $\delta > 0$, что

$$\epsilon_1(\delta) < \epsilon$$

Согласно построению, значение N зависит от значения δ_1. Мы выберем значение N, соответствующее $\delta_1 = \delta$. Следовательно, для заданного $\epsilon \in R$, $\epsilon > 0$, существует N такое, что из условия $n > N$ следует

(3.3.30)
$$f(b_{1 \cdot n})(b_{2 \cdot n}) \in B_o(f(a_{1 \cdot n})(a_{2 \cdot n}), \epsilon)$$

Утверждение (3.3.22) следует из утверждения (3.3.30) и леммы 2.5.4.   ⊙

Согласно леммам 3.3.3, 3.3.5 отображение

(3.3.31)
$$g([a_{1 \cdot n}])([a_{2 \cdot n}]) = [f(a_{1 \cdot n})(a_{2 \cdot n})]$$

определено корректно.

Пусть $a_1 \in A_1$, $a_2 \in A_2$. Согласно теореме 2.2.13, существует последовательность A_i-чисел $a_{i \cdot n}$, $n = 1, ...,$ такая, что $a_i = [a_{i \cdot n}]$. Согласно теореме 3.1.5

(3.3.32)
$$f(a_1)(a_2) = \lim_{n \to \infty} f(a_{1 \cdot n})(a_{2 \cdot n})$$

Из равенств (3.3.31), (3.3.32) следует, что отображение g удовлетворяет утверждению 3.3.1.3

$$g(a_1)(a_2) = g([a_{1 \cdot n}])([a_{2 \cdot n}]) = f(a_1)(a_2)$$

Лемма 3.3.6. Отображение g является гомоморфизмом Ω_1-группы B_1.

Доказательство. Пусть $a_{1 \cdot 1}, ..., a_{1 \cdot n} \in B_1$. Согласно теореме 2.2.14, существует последовательность A_1-чисел $a_{1 \cdot i \cdot m}$, $m = 1, ...,$ такая, что

(3.3.33)
$$a_{1 \cdot i} = [a_{1 \cdot i \cdot m}] = \lim_{m \to \infty} a_{1 \cdot i \cdot m}$$

Пусть $a_2 \in B_2$. Согласно теореме 2.2.14, существует последовательность A_2-чисел $a_{2 \cdot m}$, $m = 1, ...,$ такая, что

(3.3.34)
$$a_2 = [a_{2 \cdot m}] = \lim_{m \to \infty} a_{2 \cdot m}$$

Согласно определению [7]-2.1.2, отображение f является гомоморфизмом Ω_1-группы A_1. Следовательно, для n-арной операции $\omega \in \Omega_1$ и любого m следующее равенство верно

$$(3.3.35) \qquad f(a_{1 \cdot 1 \cdot m}...a_{1 \cdot n \cdot m}\omega) = f(a_{1 \cdot 1 \cdot m})...f(a_{1 \cdot n \cdot m})\omega$$

Из равенств (2.6.1), (3.3.35), следует, что

$$(3.3.36) \qquad \begin{aligned} f(a_{1 \cdot 1 \cdot m}...a_{1 \cdot n \cdot m}\omega)(a_{2 \cdot m}) &= (f(a_{1 \cdot 1 \cdot m})...f(a_{1 \cdot n \cdot m})\omega)(a_{2 \cdot m}) \\ &= (f(a_{1 \cdot 1 \cdot m})(a_{2 \cdot m}))...(f(a_{1 \cdot n \cdot m})(a_{2 \cdot m}))\omega \end{aligned}$$

Равенство

$$(3.3.37) \qquad \lim_{m \to \infty} a_{1 \cdot 1 \cdot m}...a_{1 \cdot n \cdot m}\omega = a_{1 \cdot 1}...a_{1 \cdot n}\omega$$

следует из равенства (3.3.33) и теоремы 2.4.6. Равенство

$$(3.3.38) \qquad \lim_{m \to \infty} f(a_{1 \cdot 1 \cdot m}...a_{1 \cdot n \cdot m}\omega)(a_{2 \cdot m}) = g(a_{1 \cdot 1}...a_{1 \cdot n}\omega)(a_2)$$

следует из равенств (3.3.31), (3.3.34), (3.3.37) и теоремы 3.1.5. Равенство

$$(3.3.39) \qquad \lim_{m \to \infty} f(a_{1 \cdot i \cdot m})(a_{2 \cdot m}) = g(a_{1 \cdot i})(a_2)$$

следует из равенств (3.3.31), (3.3.33), (3.3.34) и теоремы 3.1.5. Равенство

$$(3.3.40) \qquad \begin{aligned} &\lim_{m \to \infty} (f(a_{1 \cdot 1 \cdot m})(a_{2 \cdot m}))...(f(a_{1 \cdot n \cdot m})(a_{2 \cdot m}))\omega \\ &= (g(a_{1 \cdot 1})(a_2))...(g(a_{1 \cdot n})(a_2))\omega \end{aligned}$$

следует из равенства (3.3.39) и теоремы 2.4.6. Равенство

$$(3.3.41) \qquad g(a_{1 \cdot 1}...a_{1 \cdot n}\omega)(a_2) = (g(a_{1 \cdot 1})(a_2))...(g(a_{1 \cdot n})(a_2))\omega$$

следует из равенств (3.3.36), (3.3.38), (3.3.40). Из равенства (3.3.41) следует, что отображение g является гомоморфизмом Ω_1-группы B_1. $\odot$

ЛЕММА 3.3.7. Для любого $a_1 \in B_1$ отображение $g(a_1)$ является гомоморфизмом Ω_2-группы B_2.

ДОКАЗАТЕЛЬСТВО. Пусть $a_{2 \cdot 1}, ..., a_{2 \cdot n} \in B_2$. Согласно теореме 2.2.14, существует последовательность A_2-чисел $a_{2 \cdot i \cdot m}$, $m = 1, ...,$ такая, что

$$(3.3.42) \qquad a_{2 \cdot i} = [a_{2 \cdot i \cdot m}] = \lim_{m \to \infty} a_{2 \cdot i \cdot m}$$

Пусть $a_1 \in B_1$. Согласно теореме 2.2.14, существует последовательность A_1-чисел $a_{1 \cdot m}$, $m = 1, ...,$ такая, что

$$(3.3.43) \qquad a_1 = [a_{1 \cdot m}] = \lim_{m \to \infty} a_{1 \cdot m}$$

Согласно определению [7]-2.1.2, отображение $f(a_{1 \cdot m})$, $a_{1 \cdot m} \in A_1$, является гомоморфизмом Ω_2-группы A_2. Следовательно, для n-арной операции $\omega \in \Omega_2$ и произвольного m следующее равенство верно

$$(3.3.44) \qquad f(a_{1 \cdot m})(a_{2 \cdot 1 \cdot m}...a_{2 \cdot n \cdot m}\omega) = (f(a_{1 \cdot m})(a_{2 \cdot 1 \cdot m}))...(f(a_{1 \cdot m})(a_{2 \cdot n \cdot m}))\omega$$

Равенство

$$(3.3.45) \qquad \lim_{m \to \infty} a_{2 \cdot 1 \cdot m} ... a_{2 \cdot n \cdot m} \omega = a_{2 \cdot 1} ... a_{2 \cdot n} \omega$$

следует из равенства (3.3.42) и теоремы 2.4.6. Равенство

$$(3.3.46) \qquad \lim_{m \to \infty} f(a_{1 \cdot m})(a_{2 \cdot 1 \cdot m} ... a_{2 \cdot n \cdot m} \omega) = g(a_1)(a_{2 \cdot 1} ... a_{2 \cdot n} \omega)$$

следует из равенств (3.3.31), (3.3.43), (3.3.45) и теоремы 3.1.5. Равенство

$$(3.3.47) \qquad \lim_{m \to \infty} f(a_{1 \cdot m})(a_{2 \cdot i \cdot m}) = g(a_1)(a_{2 \cdot i})$$

следует из равенств (3.3.31), (3.3.42), (3.3.43) и теоремы 3.1.5. Равенство

$$(3.3.48) \qquad \begin{aligned} &\lim_{m \to \infty} (f(a_{1 \cdot m})(a_{2 \cdot 1 \cdot m})) ... (f(a_{1 \cdot m})(a_{2 \cdot n \cdot m})) \omega \\ &= (g(a_1)(a_{2 \cdot 1})) ... (g(a_1)(a_{2 \cdot n})) \omega \end{aligned}$$

следует из равенства (3.3.47) и теоремы 2.4.6. Равенство

$$(3.3.49) \qquad g(a_1)(a_{2 \cdot 1} ... a_{2 \cdot n} \omega) = (g(a_1)(a_{2 \cdot 1})) ... (g(a_1)(a_{2 \cdot n})) \omega$$

следует из равенств (3.3.44), (3.3.46), (3.3.48). Из равенства (3.3.49) следует, что, для любого $a_1 \in B_1$, отображение $g(a_1)$ является гомоморфизмом Ω_2-группы B_2. $\odot$

Из лемм 3.3.6, 3.3.7 и определения [7]-2.1.2 следует, что отображение g, определённое равенством (3.3.31), является представлением полной Ω_1-группы B_1 в полной Ω_2-группе B_2. $\square$

3.4. Ω-кольцо

Пусть

$$f : A_1 \dashrightarrow A_2$$

представление Ω_1-группы A_1 с нормой $\|x\|_1$ в Ω_2-группе A_2 с нормой $\|x\|_2$. Согласно определение [7]-2.1.2, отображение f является гомоморфизмом Ω_1-группы A_1. Следовательно, если произведение определено в Ω_1-группе A_1, то следующее равенство верно

$$(3.4.1) \qquad f(a_{1 \cdot 1} a_{1 \cdot 2}) = f(a_{1 \cdot 1}) f(a_{1 \cdot 2})$$

Однако, если произведение не определено в Ω_1-группе A_1, то мы можем определить произведение в Ω_1-группе A_1, пользуясь равенством (3.4.1). Это даёт основание полагать, что в Ω_1-группе A_1 определено произведение.

Так как отображение f является гомоморфизмом Ω_1-группы A_1, то следующие равенства верны

$$(3.4.2) \qquad \begin{aligned} f(a_1(b_{1 \cdot 1} + b_{1 \cdot 2}))(a_2) &= f(a_1)(f(b_{1 \cdot 1} + b_{1 \cdot 2})(a_2)) \\ &= f(a_1)(f(b_{1 \cdot 1})(a_2) + f(b_{1 \cdot 2})(a_2)) \\ &= f(a_1)(f(b_{1 \cdot 1})(a_2)) + f(a_1)(f(b_{1 \cdot 2})(a_2)) \\ &= f(a_1 b_{1 \cdot 1})(a_2) + f(a_1 b_{1 \cdot 2})(a_2) \\ &= f(a_1 b_{1 \cdot 1} + a_1 b_{1 \cdot 2})(a_2) \end{aligned}$$

$$f((a_{1\cdot1} + a_{1\cdot2})b_1)(a_2) = f(a_{1\cdot1} + a_{1\cdot2})(f(b_1)(a_2))$$
$$= f(a_{1\cdot1})(f(b_1)(a_2)) + f(a_{1\cdot2})(f(b_1)(a_2))$$
$$\text{(3.4.3)} \qquad = f(a_{1\cdot1}b_1)(a_2) + f(a_{1\cdot2}f(b_1)(a_2)$$
$$= f(a_{1\cdot1}b_1 + a_{1\cdot2}b_1)(a_2)$$

Если представление f эффективно, то равенства

$$\text{(3.4.4)} \qquad\qquad a_1(b_{1\cdot1} + b_{1\cdot2}) = a_1 b_{1\cdot1} + a_1 b_{1\cdot2}$$

$$\text{(3.4.5)} \qquad\qquad (a_{1\cdot1} + a_{1\cdot2})b_1 = a_{1\cdot1}b_1 + a_{1\cdot2}b_1$$

являются следствием равенств (3.4.2), (3.4.3). Следовательно, умножение дистрибутивно по отношению к сложению. Таким образом, Ω_1-группа A_1 является кольцом относительно сложения и умножения.

Определение 3.4.1. Ω-группа, в которой определено произведение, называется **Ω-кольцом**. □

Замечание 3.4.2. Бикольцо (определение [6]-2.6) является примером Ω-группы, в которой определены две операции произведения. Это связано с двумя различными представлениями алгебры матриц с элементами из некоммутативной алгебры. Соответственно, в бикольце определены две структуры Ω-кольца.

В алгебре октонионов мы наблюдаем другую картину. Так как произведение в алгебре октонионов неассоциативно, то рассматриваемое представление алгебры октонионов определяет иную операцию произведения. □

Определение 3.4.3. Эффективное представление Ω-кольца A в абелевой группе называется **A-модулем**.[3.2] □

Я рассматриваю представление в абелевой группе, но не в Ω-группе. Это связано с тем, что произвольные операции в универсальной алгебре усложняют условие линейной зависимости. В тоже время, в универсальной алгебре, порождающей представление, для нас важны только операции сложения и умножения.

[3.2]Смерти также определение [9]-2.1.2.

Глава 4

Список литературы

[1] S. Burris, H.P. Sankappanavar, A Course in Universal Algebra, Springer-Verlag (March, 1982),
eprint http://www.math.uwaterloo.ca/ snburris/htdocs/ualg.html
(The Millennium Edition)

[2] Г. Е. Шилов. Математический анализ, Функции одного переменного, части 1 - 2, М., Наука, 1969

[3] А. Н. Колмогоров, С. В. Фомин. Элементы теории функций и функционального анализа. М., Наука, 1976

[4] W.A. Coppel, Number Theory: An Introduction to Mathematics, Springer, 2009

[5] Michael J. Field, Differential Calculus and Its Applications, Dover Publications, 2012; ISBN-13: 978-0486497952

[6] Александр Клейн, Бикольцо матриц,
eprint arXiv:math.OA/0612111 (2007)

[7] Александр Клейн, Представление универсальной алгебры,
eprint arXiv:0912.3315 (2010)

[8] Александр Клейн, Линейные отображения свободной алгебры,
eprint arXiv:1003.1544 (2010)

[9] Александр Клейн, Свободная алгебра со счётным базисом,
eprint arXiv:1211.6965 (2012)

[10] В. И. Смирнов, Курс высшей математики, том первый.
М., Наука, 1974

[11] П. Кон, Универсальная алгебра, М., Мир, 1968

[12] Н. Бурбаки, Общая топология, основные структуры, перевод с французского Д. А. Райкова, М. Наука, 1968

[13] Н. Бурбаки, Общая топология. Использование вещественных чисел в общей топологии.
перевод с французского С. Н. Крачковского под редакцией Д. А. Райкова,
М. Наука, 1975

[14] V. I. Arnautov, S. T. Glavatsky, A. V. Mikhalev,
Introduction to the theory of topological rings and modules, Volume 1995,
Marcel Dekker, Inc, 1996

Глава 5

Предметный указатель

Глава 6

Специальные символы и обозначения

www.ingramcontent.com/pod-product-compliance
Lightning Source LLC
Chambersburg PA
CBHW050807180526
45159CB00004B/1585